弘深·科学技术文库

采动顺层岩质斜坡变形破坏机理研究

/

Study on Deformation and Failure Mechanism of Consequent Bedding Rock Slope after Underground Mining

代张音 著

重庆大学出版社

内容提要

本书结合煤矿灾害动力学与控制国家重点实验室自主课题重点项目"煤矿采动顺层滑坡机理研究(2011DA105287-ZD201504)",以我国西南山区广泛分布的含软弱夹层采动顺层岩质斜坡为研究对象,探讨了不同开采程序影响下顺层岩质斜坡变形破坏的特征,介绍了采动顺层岩质斜坡变滑面相似模拟试验方法和试验装置,阐释了采动顺层岩质斜坡变形破坏的形成过程、模式及机理,构建了采动顺层岩质斜坡断裂破坏预测模型,并提出了断裂坡体稳定性分析方法。本书能够为采动顺层滑坡等地质灾害的预测预防提供理论分析和物理模拟研究手段,对矿山安全生产、矿山地质灾害防治、生态环境治理有重要的理论意义和实用价值。本书可作为采动滑坡的专业研究人员的参考书籍,也可作为安全科学与工程、矿业工程等相关专业的教学参考书。

图书在版编目(CIP)数据

采动顺层岩质斜坡变形破坏机理研究/代张音著
. --重庆:重庆大学出版社,2022.5
ISBN 978-7-5689-3253-0

Ⅰ.①采… Ⅱ.①代… Ⅲ.①采动—岩质滑坡—岩石破坏机理—研究 Ⅳ.①TD32

中国版本图书馆 CIP 数据核字(2022)第 067394 号

采动顺层岩质斜坡变形破坏机理研究
CAIDONG SHUNCENG YANZHI XIEPO BIANXING POHUAI JILI YANJIU

代张音 著
策划编辑:杨粮菊
责任编辑:杨育彪 版式设计:杨粮菊
责任校对:夏 宇 责任印制:张 策

*

重庆大学出版社出版发行
出版人:饶帮华
社址:重庆市沙坪坝区大学城西路 21 号
邮编:401331
电话:(023)88617190 88617185(中小学)
传真:(023)88617186 88617166
网址:http://www.cqup.com.cn
邮箱:fxk@cqup.com.cn(营销中心)
全国新华书店经销
重庆升光电力印务有限公司印刷

*

开本:720mm×1020mm 1/16 印张:7.75 字数:123 千
2022 年 5 月第 1 版 2022 年 5 月第 1 次印刷
ISBN 978-7-5689-3253-0 定价:68.00 元

前言

地下采动引起山体滑坡的理论研究和工程实践一直是采矿、地质、力学、环境等学科方向研究人员的共同课题。尽管已取得大量成果，但由于山区地质条件的复杂性、地下采矿条件的多变性等影响，山区采动坡体变形破坏失稳机理研究及灾害控制依然是一个艰巨而复杂的课题。

本书结合煤矿灾害动力学与控制国家重点实验室自主课题重点项目“煤矿采动顺层滑坡机理研究(2011DA105287-ZD201504)”，以我国西南山区广泛分布的含软弱夹层采动顺层岩质斜坡为研究对象，探讨了不同开采程序影响下顺层岩质斜坡变形破坏的特征，介绍了采动顺层岩质斜坡变滑面相似模拟试验方法和试验装置，进行了采动顺层岩质斜坡相似模拟试验，阐释了采动顺层岩质斜坡变形破坏的形成过程、模式及机理。在此基础上，构建了采动顺层岩质斜坡断裂破坏预测模型，提出了断裂坡体稳定性分析方法，并将该预测模型和稳定性分析方法应用于采动顺层岩质滑坡的分析中。

本书第1章介绍了采动顺层岩质斜坡变形破坏研究的重要意义和国内外研究现状，第2章介绍了地下采矿影响下顺层岩质斜坡的变形破坏特征，第3

章介绍了采动顺层岩质斜坡变滑面相似模拟试验方法和试验装置，第 4 章介绍了采动顺层岩质斜坡变形破坏的形成机理，第 5 章介绍了采动顺层岩质斜坡断裂破坏的预测及断裂坡体稳定性分析，并含有实例。

本书的出版得到了贵州大学安全工程专业省级一流本科专业建设点的资助，特表示衷心的感谢！此外，在研究过程中得到了唐建新教授、张振宇教授、江泽标副教授、王艳磊博士、刘姝博士、张路硕士、刘庆硕士、王育林硕士等的大力支持和辛勤帮助，在此表示深深的谢意！

本课题是开创性研究，有些观点和结论尚不成熟，但愿能起到抛砖引玉的作用。由于著者水平有限，书中不妥之处，恳请读者批评指正！

代张音

2021 年 11 月

目录

1

绪 论

1.1 引 言

矿产资源是非常重要的自然资源，是人类社会发展的重要物质基础，现代社会生产和生活都离不开矿产资源。矿产资源大多埋藏于地下，地下采矿必将对地表的地质环境产生破坏进而影响生态环境，尤其在山区，地质构造复杂，软硬岩层赋存、上陡下缓的山体结构分布广泛，底部采空活动诱发山体应力调整释放，表现为地下采空区在上覆岩体中形成“悬臂效应”，诱发地表斜坡失稳而产生地质灾害，如滑坡、崩塌、塌陷、泥石流等。

国内外这类地质灾害多有发生，尤以采动滑坡为甚。采动滑坡是指地下采矿影响采空区上覆岩体变形破坏从而诱发地表山体滑坡，它是山区矿产开采沉陷诱发的最为严重的一种非连续滑动破坏形式。1903 年 4 月 29 日凌晨，加拿大阿尔伯塔省西南部弗兰克镇发生滑坡，滑坡总体积 3 000 万 m^3，碎屑堆积物覆盖 2.67 km^2，滑坡体掩埋了 3/4 的弗兰克镇，导致 76 人死亡。调查表明：滑坡的内在因素是地质构造条件，而主要原因是大规模的地下采煤[1,2]。1966 年 10 月 21 日，英国南威尔士阿伯万村发生滑坡，造成 144 人罹难，同时严重破坏了该区的生态环境。此次灾难的主要原因是地下采煤，地下采空引起上覆岩层沉陷，改变了坡体的水文地质条件和应力场[3-6]。斯洛伐克的汉德罗瓦地下采煤[7-9]引起地表移动、滑坡，给周边环境带来了严重影响，造成了巨大的损失。2004 年 4 月下旬，土耳其西北部奥哈内利镇以西的登达尔村附近的地下采煤诱发深层滑坡，滑坡发生面积 600 m×650 m，滑坡总体积 87.75 万 m^3，大约 28 hm^2 的农田被完全摧毁[10]。20 世纪 80 年代，随着经济的高速发展，我国采动滑坡灾害日渐凸显，且规模大、危害大、机理复杂、防治难度高。1980 年 6 月 3 日，湖北宜昌盐池河发生大规模滑坡，滑体总体积约 130 万 m^3，滑坡摧毁了整个磷矿区，造成 284 人死亡，2 500 万元经济损失，并诱发 1.3 级地震[11-14]。1988 年 1 月 10 日 18 时 37 分，四川巫溪中阳村发生滑坡，造成 26 人死亡，断航近半个月，直接经济损失 468.5 万元。滑坡体坡脚不合理的人工采煤，加速了斜坡变形，扩大了失稳规模，极大地推进和控制着斜坡破坏失稳[15]。1996 年 5 月 31 日和 6 月 3 日，云南元阳县老金山金矿群采区接连发生两次山体滑坡，造成 111 人死亡，116 人失踪，16 人重伤，51 个矿硐被埋，直接经济损失 1.4 亿元。滑坡发生前，老金山金矿群采区有 144 个矿硐，地下开采对滑坡起到了诱发作用[16]。2004 年 12 月 3 日 3 时 40 分，贵州纳雍县岩脚寨发生危岩体崩塌，死亡 34 人，失踪 10 人，受伤 13 人，地下采煤活动对该崩塌灾害有促进和触发作用[17-19]。这些采动滑坡不仅给滑坡周边人民群众生命、财产造成巨大损失，而且对地质环境和生态环境也是极大的破坏。

我国西南山区矿产资源丰富，有煤炭、磷、铁及多种有色金属矿产。随着西部大开发的不断推进，能源需求剧增，矿产开采规模和范围不断扩大，而该地区高山深谷普遍，地形以褶皱断块为主，高差大、坡度陡，导致由地下开采诱发山体失稳的地质灾害不断发生。在我国滑坡灾害中，基岩陡坡占较大比例，如滑坡灾害较严重的长江三峡库区，基岩顺层滑坡为滑坡总数的 62%[20]。顺层岩质斜坡是指倾斜方向与层状基岩的倾向接近或大体一致的岩质斜坡。顺层岩质斜坡是西南山区的一种常见特殊地貌，且岩体中软弱结构面、软弱夹层普遍发育[11,21,22]。在这一类含软弱结构层的高陡临空地质条件下进行地下开采，地表斜坡由于地下采空，发生变形破坏，产生裂缝，在地表降水的作用下，裂缝扩展至软弱夹层，将斜坡坡体切割成独立块体，且水的作用使软弱夹层力学强度降低，坡体极易沿着软弱结构层发生采动顺层滑坡。由于高陡临空地形，这类滑坡往往极易发生且规模大，危害极严重，需重点防治。例如，1964 年发现链子崖危岩，危岩体积约为 250 万 m^3，由于多年来的长期地下采煤，岩体底部大面积采空，导致坡体裂缝发育，极易沿其炭质页岩软弱层发生整体或局部滑坡，威胁长江主航道的航行安全。1995—1999 年链子崖危岩体防治工程完成，并对其稳定性持续监测[23-26]。1994 年重庆鸡冠岭发生大型岩质崩塌，为西南山区分布较广的层状陡倾岩质滑坡，崩塌体碰撞崩解后，沿沟谷高速入江，引起汹涌的波浪，形成堰塞湖，造成重大人员伤亡和经济损失，经研究其破坏模式是：弯曲变形—层间错动—采矿加速倾倒变形—下伏岩体阻滑—下伏岩体剪切破坏—整体失稳[21,27-30]。2006 年贵州都匀马达岭上游采煤区发生滑坡，该滑体是缓倾岩层结构斜坡，由地下采煤产生贯通斜坡的后缘拉裂缝，形成控制性滑动面，沿软弱夹层发生滑坡，其破坏模式为：塌落—拉裂—剪切滑移[31-33]。2013 年贵州凯里渔洞村发生崩塌地质灾害，导致 5 人死亡，多人被转移安置，形成厚 20 m、宽 100 m 的堰塞湖，经调查，崩塌体为上硬下软高陡坡，在不利于稳定的地质构造下，进行地下采煤诱发了坡体失稳[34,35]。

综上所述，顺层岩质斜坡为中国西南山区的一种常见特殊地貌，地下采矿诱发山区顺层斜坡移动、变形和破坏，从而衍生为山体滑坡、崩塌等灾害。采动顺层斜坡变形破坏机理研究可以为采动顺层滑坡等地质灾害的预测、预防提供理论分析和物理模拟研究手段，对矿山安全生产、矿山地质灾害防治、生态环境治理有着重要的理论意义和实用价值。

1.2 研究现状

1.2.1 山区开采沉陷研究

国外对采动地表移动、变形及失稳过程的研究较早,但对山区复杂地形的开采影响研究不够深入,且少见针对采动顺层岩质斜坡的研究报道。开采沉陷的研究历史悠久[36,37],15 世纪时,比利时和英国就有关于开采损害方面的法律。开采沉陷理论方面的研究也取得了很多成果,如早期的“垂线理论”“法线理论”“二等分线理论”“自然斜面理论”“圆拱理论”“分带理论”等[38],中期的“几何理论”“非连续介质理论”“连续介质理论”等[39,40]。Brock(1904)[41]研究发现 1903 年加拿大弗兰克滑坡发生前,其采空区上覆岩层间发生过滑动,加剧了斜坡整体蠕动。J-M Kim(1997)等[42]依据现场实测数据提出台阶下沉理论,认为在煤层开采时顶板会呈斜六面体沿煤壁斜面塌陷至地表。Bauer(1966)[43]、Marschalko 等(2009、2012)[44,45]都采用现场勘测的方法,在山区地表设置位移观测站,观测山区地表移动下沉情况,分析各自研究区域地表移动变形与地下开采之间的关系。Malgot(1985)[46]监测了多个矿区的地表沉降和变形,发现采空区塌陷触发了斜坡变形破坏。Peng(1989)、Bahuguna(1991)、Altun(2010)等[47-49]都对山区地表移动基本规律进行了研究,并在此基础上,提出了一些山区开采沉陷的治理方法。Jones(1991)等[3]以南威尔士矿区浅层开采滑坡为原型,通过物理模拟试验,发现地下采空使斜坡稳定性降低了66%。Boris(1997)[1]采用 FLAC 2D 和 UDEC 数值模拟软件,模拟了不同开采深度、开采方式、开采位置等因素对采动斜坡变形的影响,并分析了加拿大弗兰克采动滑坡的失稳机理,发现斜坡滑坡与采空区位置、坡体岩体结构密切相关。Luo(1999)、Chamine(1993)等[50,51]考虑时间因素,建立了采动斜坡的动态变形模型。Nova

(2006)[52]运用相似材料模拟试验,通过搭建相似模型,研究了山区地表移动变形。Li 等(2006、2007)[53,54]利用模糊遗传的方法,研究了山区地表和岩层问题。Marschalko 等(2012)[55]分析了捷克 Ostrava-Karviná 煤矿区 3 个滑坡的监测资料,认为地下开采不断地促使斜坡变形,其影响是随时间变化的过程,地下开采是采动滑坡的一个诱发因素。

我国山区地表辽阔,其下矿产资源丰富,且由采矿诱发的地质灾害频发,因此,对山区开采沉陷的研究越来越重视和深入。现有的开采沉陷理论分析研究主要集中在平原矿区,如应用广泛的概率积分法和剖面函数法,一般都视地面为水平面[56],忽略了地形和微地貌对开采沉陷和地表移动的影响。与平原地区相比,受山区地质地貌复杂性的影响,山区开采沉陷预计研究虽然已取得一定成果,但还是进展较为缓慢。何万龙教授对地下开采引起山区地表移动与变形作了一系列的研究,何万龙(1981)[57]根据阳泉矿区地表移动观测资料,探讨了山区近水平煤层开采条件下地表移动问题。何万龙(1983)[58]在对阳泉矿区地表移动观测资料分析后,基于概率积分法提出了山区滑移影响函数,从而改进了山区开采沉陷预计。1991 年何万龙等[59,60]采用实验室模拟和数值模拟等手段,分析了山区地表采动滑移机理,还在力学分析基础上,提出了山区采动滑移的应力应变模型。1992 年何万龙和康建荣[61]构建了可用于山区地表移动预计及煤柱预留与压煤开采设计的山区地表移动预计数学模型。1993 年何万龙[62]开发了煤矿地表移动数据处理系统 SDY。2003 年何万龙出版了《山区开采沉陷与采动损害》[63],系统地研究了山区地表移动与变形预计、山区采动滑坡及坡体稳定性分析、煤矿采动损害与防治、矿区生态破坏与土地复垦等内容,其中揭示了山区地表采动滑移机理是地下开采沉陷扰动下,表土层或基岩的软弱层理面发生短时离层和剪切破坏引起的,同时受到采动山体自重附加载荷的影响。国内很多学者也开展了山区开采沉陷预计研究。马超等、张风举等、姚志青等相继提出了以叠加原理[64]、应力分析[65]和随机介质理论[66]为基础的山区地表移动与变形预计公式,从不同侧面反映了山区地表移动与变形规律。胡友健、戴华阳等[67,68]进行了山区地表移动与变形相似材料模拟研究,提出了新的负指数函数法预计模型。2000 年康建荣、王金庄等[69]在山区地表移动模型基础上,采用直接面积积分的方法，建立了任意形状多工作面多线段的开采沉陷预计系统。2010 年王雪英[70]以太原东山煤矿 71505 工作面为工程实例，选择 12 个影响因素，建立了 BP 神经网络开采沉陷预计模型，并将该模型用于蒿峪矿区。2013 年贺桂成[38]采用开采沉陷理论分析、相似模拟试验、数值模拟 3 种方法，研究了石膏矿开采沉陷特点、预测方法和控制措施。2013 年韩奎峰、康建荣等[71]在分析山西省 14 个矿区地表移动观测数据基础上，提出了山区滑移模型统一预测参数的求解方法。2014 年胡琪[72]采用现场实测、数值模拟、理论分析的方法，对比研究了受地下采矿影响后山区和平坦地形地表移动与变形规律。研究结果表明，地下开采引起山区与平地地表移动和变形的规律有较大差异。2014 年王磊、郭广礼等[73]修正了山区开采地表移动变形预计模型，建立了新的滑移影响函数，并基于遗传算法提出了新模型的求参方法。2014 年陈绍杰、朱旺喜等[74]介绍了 2004—2013 年国家自然科学基金委员会资助开采沉陷类项目的基本情况，分析了开采沉陷领域面临的主要科学问题。国家自然科学基金委员会对开采沉陷与地表变形规律方向的资助主要集中在特殊地质条件、特殊采矿方法引起的开采沉陷与地表变形的特殊特征和规律。开采沉陷预测的模型和方法主要集中资助典型地质条件、采矿方法的开采沉陷预测方法模型以及基于新理论的预测模型。2014 年李威[75]将山区地表形态简化为 4 种典型地貌，以阳泉矿区为工程实例，采用 FLAC 3D 数值模拟方法，研究山区地貌对开采沉陷的影响。2015 年汤伏全、贺国伟[76]针对黄土山区地形的特点，将平地开采沉陷与斜坡采动滑移附加影响相叠加进行山区开采沉陷预计，并以铜川矿区为实例，验证该预计方式适用于西部黄土山区开采沉陷预计。2015 年拓万兵、吴凤民等[77]采用徕卡 TCA2003 测量机器人，对西部山区某矿开采过程中地表移动变形进行了小时间尺度的实测，并分析了实测数据，得出该矿区地表动态变形特征。2016 年郭博婷、胡海峰等[78]在山区滑移影响函数基础上，结合 Knothe 时间函数，建立了山区开采动态下沉预计公式，该公式可以预计地表某点在任意时刻的动态下沉值。2016 年郭庆彪、郭广礼等[79]在简支梁弹性变形理论的基础上，借助概率密度函数，建立了山区谷底区域地表沉陷预计修正模型，并明确了模型参数物理意义及其取值方法。2016 年凌源[80]采用现场实测和 FLAC 3D 数值模拟的方法，以柠条塔矿区 N1206 工作面和

N1114 工作面为工程实例,研究了多工作面开采影响下黄土山区开采沉陷特征。2016 年冯军[81]在晋城矿区 4 个工作面的实测数据基础上,分析了山区采动地表沉陷特征,并采用 UDEC 数值模拟方法,研究了不同的坡度、坡体形态、工作面推进方向、工作面位置情况下山区采动地表的移动规律,进一步编制了晋城矿区采动沉陷预计软件。近几年,王启春、李天和等[82,83]采用 FLAC 3D 数值模拟方法,以重庆松藻矿区为工程背景,研究了基岩裸露山区煤矿地下开采地表移动规律。2017 年杜强、徐孟强等[84]综合利用 AutoCAD、Surfer、Rhino3D、ANSYS、FLAC 3D 数值分析软件,建立了山区煤矿开采数值模型,模拟山区煤矿开采地表沉陷规律。2018 年梁少岗、刘长星等[85]用现场实测和概率积分法,分析了韩城矿区山区地表移动规律。

1.2.2 山区采动坡体断裂破坏研究

Brown、Ferguson(1979)[86]在坡体稳定性分析中,考虑了边坡角度和拉伸裂缝的影响。Jones 等(1991)[3]采用数值模拟的方法,分析了南威尔士矿区地下开采与滑坡之间的关系,研究表明:地下采空导致顶板产生拉应力,使上覆岩层中软弱结构面扩展,进而降低地表坡体的安全系数。Singh(2008)等[87]利用神经网络元方法,对采动山体滑坡机理进行研究。Greco(1996)、Yu(1999) 、Ghose(2004)等[88-90]运用断裂力学、塑性力学理论,从力学角度分析了采动滑坡的机理。近年来,Orense 等(2004)、Tosney 等(2004)、Take 等(2004)、Ching 等(2008)、Lee 等(2008)、Alzo'ubi 等(2010)、Alejano 等(2011)都运用模型试验的方法对斜坡变形机理与失稳模式进行了研究[91-97]。.Donnelly 等(2002)[98]研究了软弱夹层对坡体稳定性的影响,并得到山体滑坡的蠕变特性。Watson(2004)[99]、Singh 等(2008)[87]、Arca 等(2018)[100]利用数值分析法,研究了采动覆岩的变形及采动坡体的稳定性。Erginal 等(2008)[10]研究了土耳其西北部奥哈内利镇以西的登达尔村附近的地下开采煤矿诱发深层滑坡的发生与发展。Guo 等(2009)[101]采用相似模拟试验与数值模拟相结合,研究了长壁综采矸石充填技术引起的岩层移动和地表沉陷的规律。Ren 等(2010)[102]用相似模型试验,研究了地表和采空区围岩变形破坏及其破坏机理。

我国对平原地区的水平地表裂缝的预测方法研究较为深入[103-105]。而山区开采沉陷规律复杂,致使其地表裂缝发育规律与平原地区有明显差异。1995 年梁明、汤伏全[106]以象山采动滑坡为工程实例,采用相似模拟和数值分析方法,提出采动滑坡需具备地表临空、地下采空和上覆岩层中有软弱层面 3 个条件,并得到推动式顺层滑坡破坏模式:地下采空—后缘破坏—剪切蠕动。1999 年杨忠民、黄国明[107]采用弹塑性有限元分析,以受地下采空和软弱夹层影响的地质模型为对象,得出斜坡地下采动变形机理与平坦地区采空区上覆岩体移动不同,也与一般山坡变形破坏有区别,并提出了采动条件下斜坡变形的地质模式:地下采空—后缘拉裂—前缘挤压—塌落稳定。2002 年康建荣、王金庄[108]根据覆岩破坏机理,建立了采动覆岩动态移动破坏力学模型,并在此模型基础上,得到了上覆岩层临界开采长度模型。2004 年杜蜀宾[109]以四川芙蓉煤矿白岩山大型崩塌为实例,提出白岩山斜坡变形模式:地下采空—前缘倾斜—后缘拉裂—下沉失稳,进而探讨了西南矿区山体崩塌的成因。2007 年王晋丽、康建荣[110]对比分析了采动裂缝的实测结果和预计结果,探讨了采动地裂缝与地表移动变形的关系。2008 年康建荣[111]根据现场实测资料,分析了地表采动裂缝产生的 4 个阶段及其形成机制,总结了采动裂缝对山区地表移动变形的影响。2008 年单晓云、姜耀东等[112]以地下采动影响的巍山山体裂缝为工程实例,采用数值模拟、现场监测的方法,研究了地下采煤对山体裂缝的形成、发展的影响,并进一步分析了山体的稳定性。2009 年上官科峰、王更雨[113]以金和一号矿采动山体滑坡为工程实例,运用极限平衡理论、数值分析方法,分析了地下采矿破坏了山体岩层力学特性,降低了软弱层的力学强度,同时使地表产生裂缝,加剧了地表水渗透,诱发了山体滑坡,并提出了斜坡失稳模式:地下采空—后缘破坏—剪切蠕动的推动式顺层滑坡破坏模式。2010 年刘传正[114]分析究了鸡尾山崩塌的原因,认为大规模危岩体形成的主要原因是高陡临空山体下铁矿的大面积开采形成“悬板张拉效应”,崩滑过程为“山体拉裂—弱面蠕滑—剪出崩塌—碎屑流冲击—灾难形成”。2010 年刘新喜、陈向阳[115]应用 FLAC 3D 和 GeoStudio,以黄土层斜坡为研究对象,研究了地下开采引起的地表变形、后缘拉裂缝分布特征,以及降雨后坡体稳定性分析。2012 年刘栋林、许家林等[116]采用 UDEC 数值模拟方法,分析了工作面上坡、下坡推进时斜坡产生裂缝的差异。提出了下坡开采时坡体顶、中部较大张裂缝更容易发育,上坡开采形成牵引型正裂缝,下坡开采形成推动型逆裂缝。2012 年李腾飞、李晓等[117]采用连续介质离散元计算方法,建立了鸡尾山滑坡的三维数值模型,仿真模拟地下采矿诱发其山体失稳的过程。2012 年徐杨青、吴西臣等[118]以山西某煤矿工业场地滑坡为工程实例,分析了地下采矿对坡体稳定性的影响,认为采矿变形降低了滑体的力学强度,采动产生的拉裂缝提供了地表水渗透路径,滑坡体前缘的地下采空移动变形起到了牵引滑坡作用。2013 年吕义清[119]以山西风茆顶斜坡为工程实例,采用现场勘查、数值分析的方法,研究了井工开采条件下上覆岩土层变形规律以及斜坡变形破坏稳定性,提出了井工开采引起的斜坡变形机理:地下采空—坡顶沉陷变形—坡体失稳—坡体后缘拉裂—前缘鼓起。2013 年王玉川[120]以贵州马达岭滑坡和煤洞坡变形为实例,运用 UDEC 和 FLAC 3D 数值分析方法,研究了地下采空诱发斜坡变形破坏的机制,认为马达岭滑坡和煤洞坡变形破坏过程有 4 个阶段:后缘拉裂、“阶梯状”蠕滑拉裂前缘剪切变形、滑面贯通和整体失稳。2014 年韩奎峰、康建荣等[121]以主断面上等坡度的坡段为研究对象,以山区地表下沉和水平移动预计值为主要参数,建立了山区采动地表裂缝的预测模型,并以临界变形值为起裂判据,确定了地表裂缝宽度。该方法具有山区地表下沉和水平移动预计方法的局限性,如精度偏低等。2014 年崔剑锋[20]选择以重庆望霞危岩为实例,提出采煤沉陷区岩质边坡悬臂—断裂模式简化计算模型,探究其在完整和缺陷坡体下的破坏特征,以及坡体稳定性的影响因素。2014 年朱要强[122]利用现场地质调查和底摩擦模拟试验相结合,分析了贵州云龙山山体变形演化的过程。2014 年王伟[123]对山西斜沟矿 23103 工作面地表沉陷进行观测,分析其重复采动影响下地表变形、破坏规律以及地质灾害情况,提出地表裂缝的产生与地表坡体的坡度和坡向以及工作面推进方向有关。2015 年桂庆军[124]利用 UDEC 数值模拟了贵州山区某煤矿开采影响下,覆岩移动变化、裂隙发育情况。2016 年史文兵、黄润秋等[125]以贵州接娘坪山体为研究对象,采用数值模拟方法,研究了地下采矿引起地表斜坡裂缝形成的机制,研究表明采动斜坡没有形成明显沉陷盆地,斜坡裂缝的形成经历了 3 个阶段:开采扰动、坡顶拉裂、裂缝加剧,在重复采动影响下斜坡裂缝变形包括初期变形、缓慢变形、急剧变形、稳定变形 4 个阶段。2017 年薛寒冰、将月文等[126]利用 FLAC 3D 数值模拟贵州水城煤矿地下采煤诱发上覆岩层破坏机理和地表破坏形态，研究表明地表产生大量裂缝，而不是类似平原地区的沉陷盆地和沉陷漏斗，上覆岩层出现贯通的拉张裂隙带，应力集中区域更为明显。2018 年邓洋洋、陈从新等[127]以程潮铁矿东区为例，由 5 年的地表变形实测数据，再现了地表变形三维盆地，对地下开采影响下的地表变形规律和机制进行了研究。2018 年左建平、孙运江等[128]用力学分析了基岩和表土层的破断移动特征，揭示了覆岩"类双曲线"破坏移动机理，得出地表沉陷范围理论的计算公式。2018 年张文静[129]运用实地调查、数值模拟、理论分析等方法，研究山区厚黄土层、薄基岩下采煤地表裂缝形成机理、发育规律及预测方法。2019 年余学义、王昭瞬等[130,131]通过建立采动坡体力学模型，给出了其在重复采动影响下的稳定性系数计算式。2019 年朱恒忠[132]以西南山区采动地裂缝为研究对象，总结出西南山区采动地裂缝发育长度的动态延伸过程可分为缓慢增长、快速增长和趋于稳定 3 个阶段。

综上所述，采动滑坡是山区开采沉陷引起的最严重的地表破坏现象[20]，只有掌握山区地下开采诱发地表斜坡变形和破坏的规律，才能进一步研究采动滑坡。目前，平原、浅丘地区地下开采诱发地表变形破坏规律的研究较完善，可满足工程需求[37]，但丘陵和山区采动变形破坏机理、采动裂缝成因及预测方法研究不够全面，特别是西南山区常见典型顺层岩质斜坡地貌的研究，大多只以某一具体坡体为对象开展，研究针对性强，但限制了应用的普遍性，且更少见考虑类似我国西南山区的特殊地质构造和岩体流变特性的研究，但这两个因素对采动坡体断裂破坏以及坡体稳定性的影响非常大。因此，需进一步研究采动顺层岩质斜坡变形破坏形成机理，提出有效的地下采矿诱发顺层岩质斜坡断裂破坏预测及稳定性分析方法。

2 采动顺层岩质斜坡变形破坏特征

采动顺层岩质斜坡变形破坏特征是其机理研究的基础。采动顺层岩质斜坡的变形破坏范围和程度主要受地质环境及开采程序的控制。因此,本章采用底摩擦模拟试验和数值模拟分析两种方法,分别对地下单区段开采、跳采、顺坡开采、逆坡开采4种类型形成的不同采空区与斜坡空间位置关系,进行采动诱发顺层岩质斜坡的变形破坏特征研究。

2.1 基于底摩擦模拟试验的采动顺层岩质斜坡变形破坏响应

底摩擦模拟试验是一种二维简易物理模型,具有试验简单直观、经济快速、效果显著和周期较短的特点,能够直接观测和记录研究对象的变形、破坏演变过程,往往用于滑坡试验研究中,可以为研究对象进一步的深入分析提供依据[133-135]。本节采用底摩擦模拟试验研究方法,研究在不同地下开采程序影响下,地表顺层岩质斜坡的变形破坏响应特征。

2.1.1 底摩擦模型铺设

本试验在重庆大学煤矿灾害动力学与控制国家重点实验室底摩擦试验设备上进行。该试验平台由滑动矩形腔体、传动装置、调速装置及检测装置组成,试验设备外部框架尺寸为2.37 m×1.31 m×0.85 m,内部操作平台有效尺寸为1.2 m×0.8 m,可堆砌模型最大厚度为0.1 m。

不同地下开采程序会形成不同的地表斜坡与采空区之间的空间位置关系,坡体受到不同的加卸载应力和加卸载路径的影响,进而造成不同程度的地表斜坡变形破坏响应特征。将单一煤层沿倾向的区段开采程序,归纳为地下单区段开采、跳采、顺坡开采(下行开采)、逆坡开采(上行开采)4 种类型。底摩擦试验过程中,分别按这4 种类型对模型矿层进行开采,采用全部陷落法处理采空区的走向长壁采煤法,模型开采方案如表2.1 所示,模拟地下矿层在不同开采程序下地表斜坡的移动、变形和破坏情况。

表2.1 模型开采方案

开采方案	采空区与斜坡空间位置关系
方案Ⅰ(单区段开采)	中部
方案Ⅱ(跳采)	上部和下部
方案Ⅲ(顺坡开采)	上中部
方案Ⅳ(逆坡开采)	中下部

根据西南地区某矿地质剖面资料[136],铺设厚1.0 cm的底摩擦模型,如图2.1所示。

为更加明显地观察地下采空后斜坡及软弱夹层的变形破坏现象,本试验将模型中矿层厚度增大到1.0 cm,且试验中未考虑矿体开挖先后顺序的影响,各方案矿体均为一次开采完,形成采空区稳定后,才开机试验。

在室内物理力学参数试验结果的基础上,结合工程地质类比法和经验法,得到岩石物理力学参数建议值,如表2.2 所示。

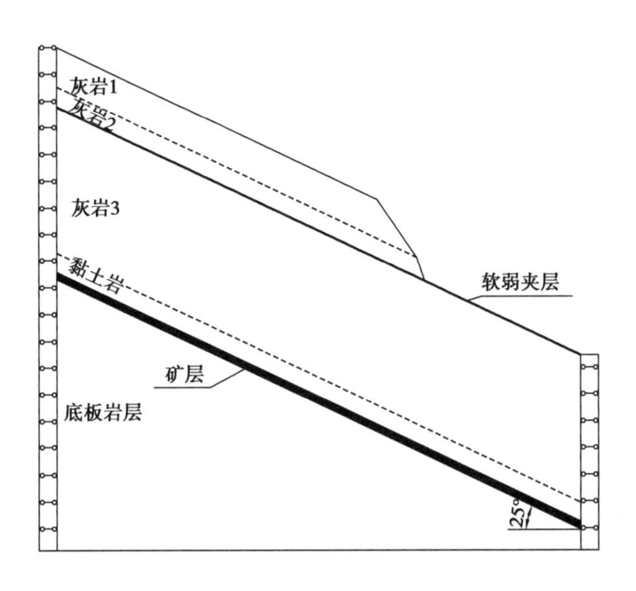

图 2.1　试验模型平面示意图

表 2.2　岩石物理力学参数建议值

岩层	密度 $d/(\mathrm{kg \cdot m^{-3}})$	体积模量 K/GPa	剪切模量 G/GPa	摩擦角 $\varphi/(°)$	内聚力 C/MPa	抗拉强度 t/MPa
灰岩 1	2 670	4.87	3.14	60.8	1.69	5.44
灰岩 2	2 647	4.38	1.27	40.6	4.92	5.15
软弱夹层	2 000	3.00	0.90	16	0.25	1
灰岩 3	2 830	16.00	8.10	29.0	1.30	1.20
黏土岩	2 680	19.00	10.20	34.0	3.80	3.00
矿层	1 400	8.54	5.67	32.0	1.10	2.00
底板岩层	2 620	34.8	9.81	14.4	3.84	6.76

根据相似理论中的相似判据[137]，定义 C_l 为几何相似常数，$C_{\gamma1}$ 为灰岩 1 重度相似常数，$C_{\gamma2}$ 为灰岩 2 重度相似常数，C_δ 为位移相似常数，C_μ 为泊松比相似常数，C_ε 为应变相似常数，C_σ 为应力相似常数，C_E 为弹性模量相似常数，C_f 为摩擦因数相似常数。考虑试验操作平台的有效尺寸，确定本试验相似常数，取 $C_{l1}=C_{l2}=500$，$C_{\gamma1}=1.78$，$C_{\gamma2}=1.76$，$C_{\sigma1}=C_{l1}C_{\gamma1}=C_{E1}=890$，$C_{\sigma2}=C_{l2}C_{\gamma2}=C_{E2}=880$，$C_\delta=C_l=500$，$C_\varepsilon=$

$C_\mu = C_f = 1$ 。结合该矿地质条件、岩体的物理力学性质，在摩擦因数、应力应变关系、强度相似条件下，经反复试验，本次底摩擦模拟试验材料选用细河沙、建筑石膏、碳酸钙、黏土和水，同时配有少量锯末和机油混合而成。模型中软弱夹层用两层锡箔纸夹约 1 mm 的云母粉代替。模型材料配比如表 2.3 所示。

表 2.3　**模型材料配比表**

岩层	细河沙/g	碳酸钙/g	建筑石膏/g	黏土/g	水/g	机油/g	锯末/g
矿层	231.7	23.2	9.9	38.6	19.9	—	—
黏土岩	199.5	20	8.56	33.3	17.1	3.3	1
灰岩 3	2 021.2	202.1	86.6	311	173.3	31.1	9.3
软弱层	锡箔纸	—	—	—	—	—	—
灰岩 2	376.3	37.6	16.1	57.9	32.3	5.8	1.7
灰岩 1	745.5	74.6	32	124.3	63.9	9.9	2.5

试验前用药和针头固定观测辅助纸，沿软弱夹层布置位移观测点，并将观测点从坡顶至坡脚依次编号(1—12 号)。在实验台上方安装数码相机近景摄影测量，试验过程中，确保相机固定不动，并派专人实时拍摄试验过程。

2.1.2　试验结果及分析

根据表 2.1 中的 4 种开采方案，分别在模型中开采矿体，开挖后，设备开机低频率稳定运转 30 min，得到 4 种开采方案的模型变形破坏情况，如图 2.2 所示。

按方案Ⅰ，在斜坡下单区段开采矿体形成采空区后，原有应力平衡状态受到破坏，引起应力的重新分布，采空区直接顶板岩层在自重及其上覆岩层的作用下，产生向下的移动和弯曲，当其内部拉应力超过岩层的抗拉强度时，直接顶板断裂、破碎、冒落，而老顶岩层则以悬臂弯曲的形式沿层理面法线方向断裂，发生离层。当达到新的平衡状态时，岩层中未破坏部分、未产生剧烈变形部分、虽然岩层已破断但仍能整齐排列部分，形成岩体内的“大结构”，能够承担上覆岩层重力，斜坡坡体整体较好。地表斜坡出现两条近垂直的明显裂缝，即裂缝 a 和裂缝 b。裂缝 a 位于采动影响范围上边界处，受坡体岩层开采弯曲下沉作用，使坡面岩体发生拉伸破坏形成，并从坡面发育贯通至软弱夹层。裂缝 b 位于采动影响范围内，受坡体岩层开采弯曲下沉作用，从软弱夹层开始发育，未贯穿整个坡体岩层。斜坡坡脚与软弱夹层之间发生小范围离层现象，如图 2.2(a)所示。

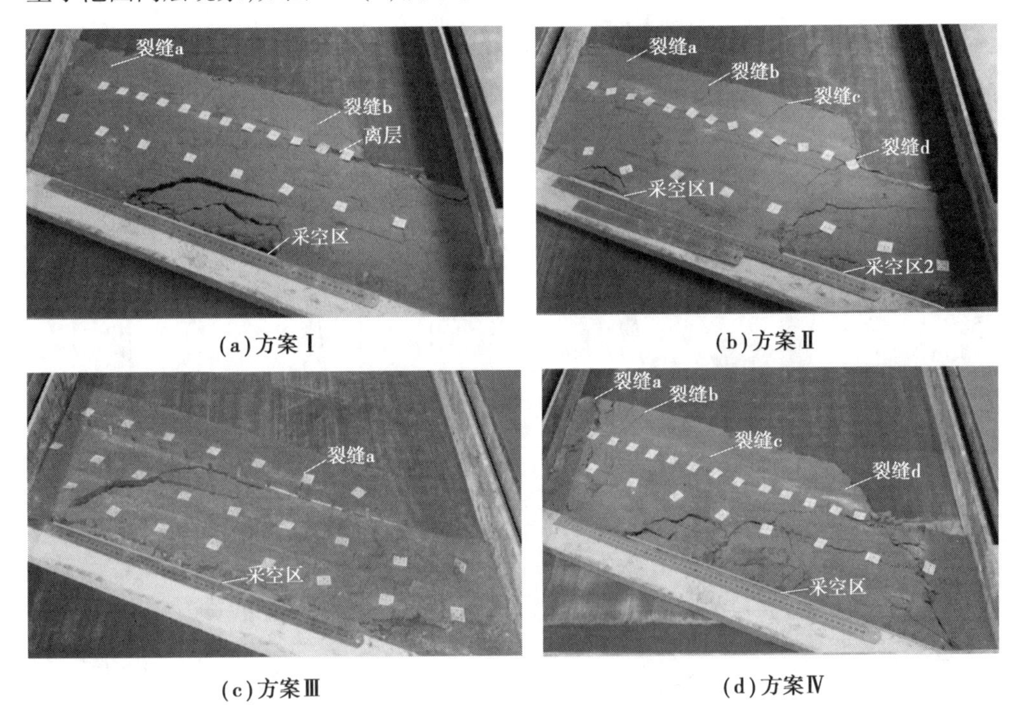

(a)方案Ⅰ　(b)方案Ⅱ

(c)方案Ⅲ　(d)方案Ⅳ

图 2.2 模型变形破坏特征图

按方案Ⅱ，跳采矿层形成上下两个采空区，中部是跳采留下的暂时未采的区段。采空区 2 因范围较大而上覆岩层裂缝较发育，其裂缝从采空区 2 上边界开始逐渐扩展延伸。采空区 1 因范围较小而上覆岩层先呈帽形垮落，在岩层中部发育零星细纹。地表斜坡出现 3 条近垂直于岩层层面的明显裂缝（裂缝 a、裂缝 b 和裂缝 c），且均从坡面贯通至软弱夹层。坡脚最前端坡体被裂缝 d 切割，且沿软弱夹层产生滑移现象，如图 2.2(b)所示。

按方案Ⅲ（两个区段由上而下开采），顺坡开采矿层形成采空区后，采空区直接顶先冒落，随后老顶整体垮落，垮落至软弱夹层下部形成离层，顺层斜坡坡体中下部出现下开口裂缝，未贯穿至坡体表面，斜坡坡体整体性较好，如图 2.2(c)所示。

按方案Ⅳ(3 个区段由下而上开采),逆坡开采矿层形成采空区后,采空区上方直接顶和老顶相继垮落,老顶产生大量裂缝,顺层斜坡坡体后部(靠近模型边界处)发育成两条竖直裂缝(裂缝 a 和裂缝 b),且两条竖直裂缝均从地表贯穿软弱夹层,继续向深部发育。斜坡坡脚被裂缝 d 切缝,沿软弱夹层产生些许滑移失稳现象,如图 2.2(d)所示。

对比开采前后软弱夹层上位移观测点的变化情况,得到 4 种开采方案软弱夹层的下沉曲线,如图 2.3 所示。

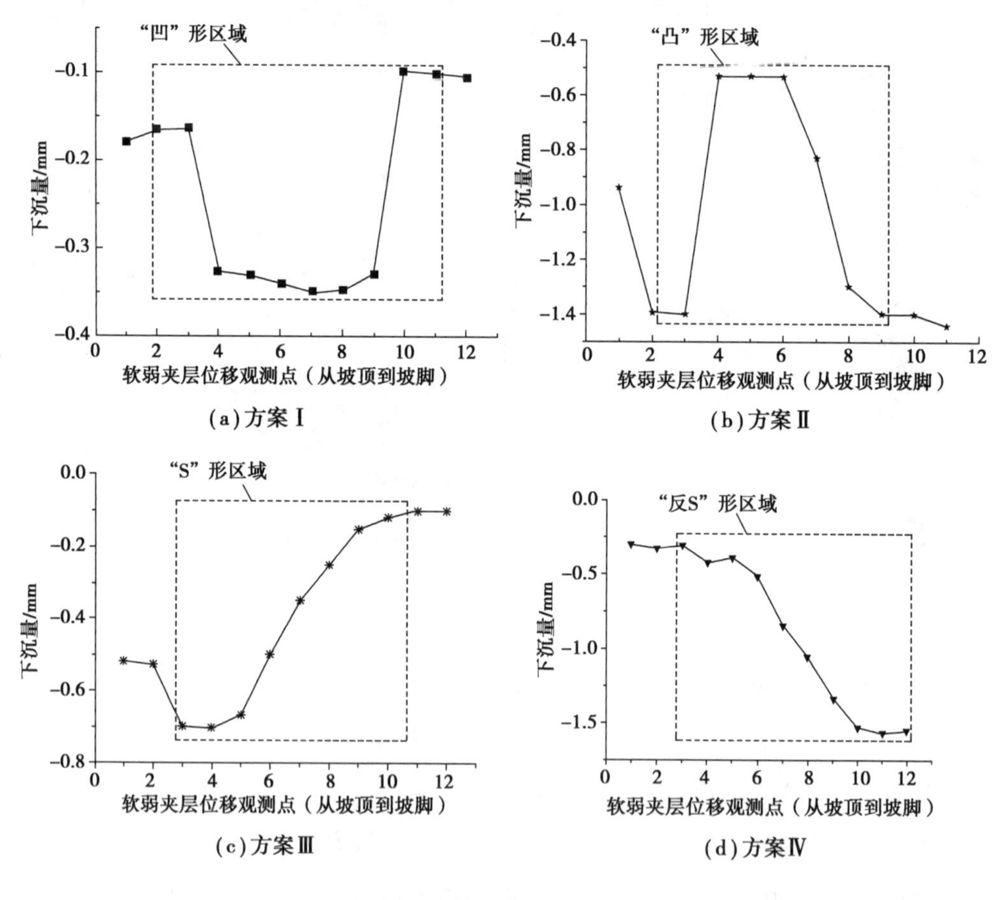

图 2.3　软弱夹层下沉曲线

由图 2.3 可知,按方案Ⅰ开采矿体,软弱夹层位移下沉曲线整体呈"凹"形,如图 2.3(a)所示,受地下采空影响,采空区上覆岩层发生冒落、破碎、离层现象,造成其对应软弱夹层位移观测点(4—9 号)明显下沉,且下沉量基本相同(0.35 mm),软弱夹层 1—3 号位移观测点下沉量相同(0.2 mm),表明斜坡除沿采空区方向沉陷外,还沿倾斜方向向临空面产生滑移。按方案Ⅱ开采矿体,软弱夹层位移下沉曲线整体呈“凸”形,如图2.3(b)所示,受地下采空影响,采空区上覆岩层发生冒落、破碎、离层现象,造成其对应软弱夹层位移观测点(2、3、8、9、10、11号)产生明显下沉,且下沉量基本相同(1.4 mm左右),软弱夹层4—6号位移观测点下沉量相同(0.5 mm),表明矿柱上覆岩层受采动影响较小,且产生沿倾斜方向向斜坡临空面的滑移。按方案Ⅲ开采矿体,软弱夹层位移下沉曲线整体呈“S”形,如图2.3(c)所示,受地下采空影响,采空区上覆岩层发生冒落、破碎、离层现象,造成其对应软弱夹层位移观测点(1—6号)产生不同程度的下沉,下沉量最大值出现在3号观测点为0.7 mm,3—5号观测点下沉量基本相同,采空区顶板岩层形成组合悬臂梁,从6号观测点开始软弱夹层下沉量呈线性降低。斜坡坡脚受采动影响较小,12号观测点(斜坡坡脚处)下沉量最小为0.1 mm。按方案Ⅳ开采矿体,软弱夹层位移下沉曲线整体呈“反S”形,如图2.3(d)所示,受地下采空影响,采空区上覆岩层发生冒落、破碎、离层现象,造成其对应软弱夹层位移观测点(6—12号)产生明显下沉,下沉量最大值出现在11号、12号观测点均为1.58 mm,采空区顶板岩层形成组合悬臂梁,悬臂梁弯曲下沉后,受垮落岩石的支撑,因此1—5号观测点下沉量较小,从6号观测点开始软弱夹层下沉量呈线性增大。斜坡坡顶受采动影响相对较小,1—3号观测点(斜坡坡顶处)下沉量基本相同(0.5 mm)。

2.2 基于离散元模拟的采动顺层岩质斜坡变形破坏响应

底摩擦模拟试验研究在某种程度上反映了采动顺层岩质斜坡的变形破坏特征,但受底摩擦试验台几何尺寸的局限性,试验平台尺寸相对较小,要模拟开采全貌,几何相似常数就较大,以致模型中矿层几何相似后很薄,不方便开采,且模型变形破坏的细部现象不明显。因此,本节采用基于离散元法的UDEC软件,数值模拟分析同一地质条件4种开采程序下顺层岩质斜坡的变形破坏响应情况。

2.2.1 数值模型建立

离散元法(Distinct Element Method,DEM)是专门用来解决不连续介质问题的数值模拟方法。该方法把节理岩体视为由离散的岩块和岩块间的节理面组成,允许岩块平移、转动和变形,而节理面可被压缩、分离或滑动,从而可以较真实地模拟节理岩体中的非线性大变形特征[138]。UDEC 是用于处理非连续介质的二维离散元程序,它基于“拉格朗日”算法,可很好地模拟岩块系统的变形和大位移,是研究具有不连续特征的潜在破坏模型的理想工具[139-142]。UDEC 提供了适合岩土的多种材料模型和节理模型,能够较好地适应不同岩性和不同开采条件下的岩层运动[143-145]。

根据矿山地质情况,构建数值计算模型,如图 2.4 所示。模型水平长 800 m,最大高度 585 m,最低高度 145 m,岩层倾角 25°。采取初始平衡自重应力作为初始应力,对地应力进行简化处理。数值模型的开采方案与底摩擦模型开采方案相似,如表 2.1 所示,采用 4 种方案开采矿层,且数值模拟计算过程中未考虑矿体开采的先后顺序影响,各方案均为一次采完矿体,形成采空区,研究地下采矿对上覆岩层及地表斜坡的变形破坏状况,并观测坡体、软弱夹层的位移变化量等。

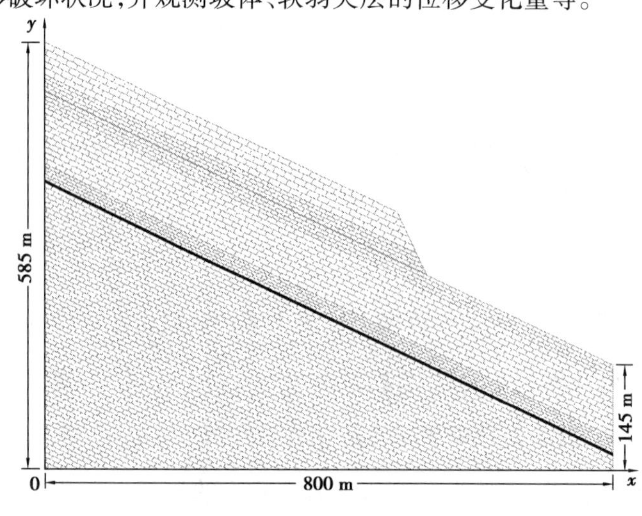

图 2.4 数值计算模型

在 UDEC 建模中,煤岩体破坏准则采用莫尔-库仑模型,节理材料模型采用节理面接触库仑滑移节理模型,岩层物理力学参数如表 2.2 所示,节理面物理力学参数如表 2.4 所示。

表 2.4　模型岩层节理面物理力学参数

节理面	法向刚度 K_n/GPa	剪切刚度 K_s/GPa	摩擦角 φ/(°)	内聚力 C/MPa	抗拉强度 σ_t/MPa
灰岩 1	91	35.5	34	1.2	0.08
灰岩 2	84	38	31	1	0.075
软弱夹层	1.5	0.56	14	0.02	0
灰岩 3	87	42	30	1.1	0.078
黏土岩	38	13	24	0.8	0.021
矿层	3.6	1.5	22	0.06	0.003
底板岩层	118	72	35	2	0.1

2.2.2　模拟结果及分析

对数值模型,分别按 4 种开采方案(见表 2.1)开采矿层后,采空区上覆岩层出现了正在屈服(at yield surface)、已经屈服(yield in past)、张拉破坏(tensile failure)等破坏状态。现依次对每个开采方案的数值计算结果进行分析。

(1)方案Ⅰ

按方案Ⅰ,在斜坡下单区段开采矿体形成采空区后,原有应力平衡状态受到破坏,引起应力的重新分布,采空区直接顶板岩层在自重及其上覆岩层的作用下,产生向下的移动和弯曲,如图 2.5(a)所示。采空区上覆岩层破坏区主要集中在两侧停采边界以上,其破坏分别从两停采边界向地表坡面延伸,形成“八”字形状,如图 2.5(b)所示。由如图 2.5(b)还可以看出,在“八”字形状破坏区中间,老顶以弯曲的形式沿层理面法线方向断裂,发生张拉破坏,直至软弱夹层,再往上岩层已经发生塑性变形。由于岩层顺层倾斜的原因,上停采边界处直接顶发生断裂,靠近下停采边界区域直接顶形成悬臂弯曲,该区域表现为已经塑性变形。地下采空引起地表斜坡体出现多处裂隙,其中在采空区影响范围的坡体上部和下部有两处明显的上开口裂隙(即上口拉裂下口闭合裂缝),在采空区影响范围的坡体中部出现下开口裂隙(即下口拉裂上口闭合裂缝),如图2.5(c)所示,裂隙向软弱夹层延伸发育。

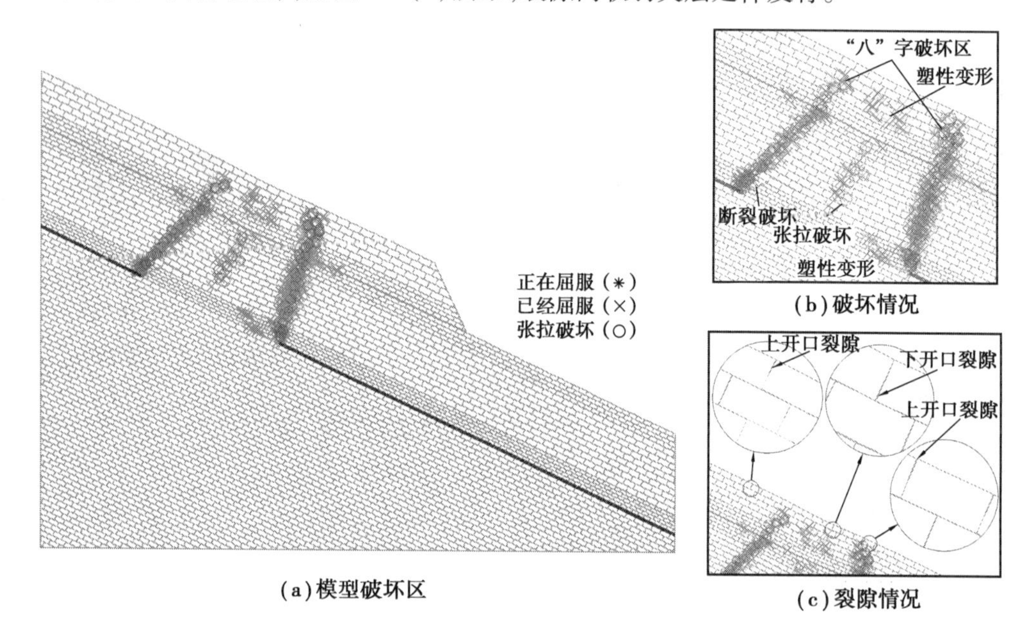

(a)模型破坏区

(b)破坏情况

(c)裂隙情况

图2.5 方案Ⅰ开采后模型破坏区图

按方案Ⅰ,在斜坡下单区段开采矿体形成采空区后,采空区上覆岩层向采空区卸荷,产生下沉位移,如图2.6(a)所示,y方向上的位移云图基本呈对称状分布,特别是老顶至地表均表现为中间位移大,两侧下沉位移逐渐减小的趋势。由于停采上边界直接顶断裂,停采下边界直接顶悬臂弯曲,使除停采下边界附近区域直接顶外的其他直接顶均呈现最大下沉位移。从软弱夹层层面法向位移可知,如图2.6(b)所示,软弱夹层法向位移曲线呈正态分布,中部位移最大,逐渐向两侧递减,但下部软弱夹层位移递减至某一微小值后,就不再递减,直至坡脚,表明受采动影响软弱夹层有沿层面的少量滑移现象。从坡面法向位移可知,如图2.6(c)所示,该位移曲线同样呈正态分布,中部位移最大,逐渐向两侧递减,但下部坡面位移递减到某一值后,就不再递减,直至坡脚,且该法向位移值比软弱夹层的大,表明受采动影响坡面岩层有沿层面的滑移现象,且滑移量比软弱夹层大。

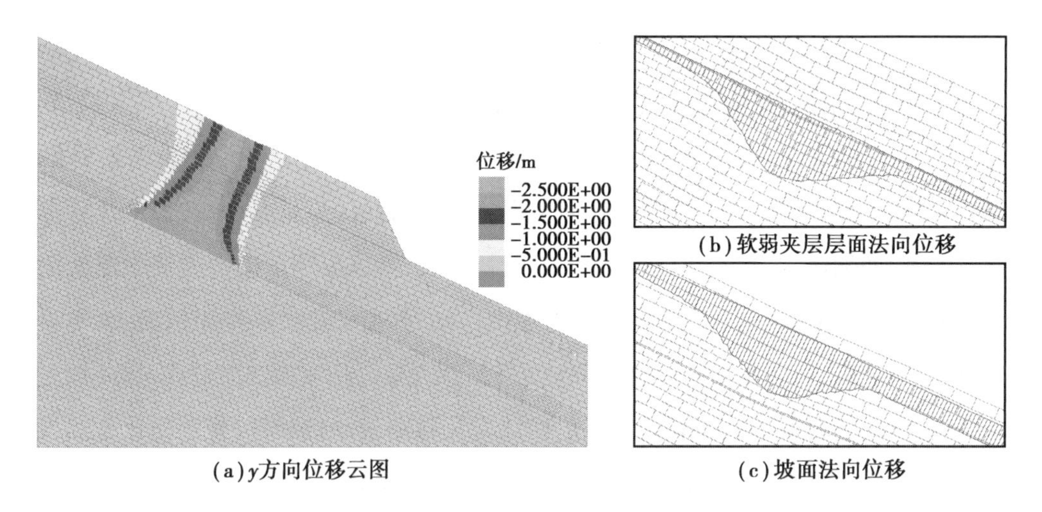

(a) y方向位移云图　(b)软弱夹层层面法向位移　(c)坡面法向位移

图2.6　方案Ⅰ开采后模型位移

(2)方案Ⅱ

按方案Ⅱ,跳采矿层形成上下两个采空区,中部是跳采留下的暂时未采的区段,其上采空区与方案Ⅰ单区段开采形成采空区相似,下采空区与方案Ⅳ逆坡开采形成采空区相似。按该方案开采矿体后,未采煤层、矿层底板、已冒落矸石共同支撑采空区上覆岩层,如图2.7(a)所示。上部的采空区上覆岩层破坏情况与方案Ⅰ相似,分别从两停采边界向地表坡面延伸,形成"八"字形状塑性破坏区,且在"八"字形状破坏区中间,发生张拉破坏。同样,由于岩层顺层倾斜的原因,上停采边界处直接顶发生断裂,靠近下停采边界区域直接顶形成悬臂弯曲,该区域表现为已经塑性变形。下部的采空区上覆岩层破坏情况,同样呈"八"字形状塑性破坏区,且软弱夹层受采空影响发生塑性破坏,如图2.7(b)所示。地下采空引起地表斜坡体出现多处裂隙,有4处裂隙最明显,其中3处为上开口裂隙,均位于"八"字形状塑性破坏区以外,1处为下开口裂隙,位于"八"字形状塑性破坏区以内,如图2.7(c)所示。

按方案Ⅱ开采矿体形成采空区,采空区上覆岩层向采空区卸荷,产生下沉位移,如图2.8(a)所示,未采煤层两侧的采空区 y 方向上的位移云图均基本呈对称状分布,特别是老顶至地表均表现为中间位移大,两侧下沉位移逐渐减小的趋势。上部采空区上覆岩层 y 方向位移与方案Ⅰ相近,由于停采上边界直接顶断裂,停采下边界直接顶悬臂弯曲,使除停采下边界附近区域直接顶外的其他直接顶均呈现同样大的下沉位移。由于斜坡产生沿软弱夹层产生滑移,使该区域最大下沉位移出现在靠近地表岩层。下部采空区影响地表斜坡前端产生下沉位移,且受软弱夹层影响,软弱夹层上覆岩层下沉位移区域反而增大。从软弱夹层层面法向位移可知,如图2.8(b)所示,位于上部采空区影响范围的软弱夹层法向位移曲线呈正态分布,中部位移最大,逐渐向两侧递减,并递减至某一稳定值。下部采空区影响范围的软弱夹层法向位移曲线在上部递减达到的稳定值之上逐渐增加,并递增至另一稳定值后,就不再递增,直至坡脚,表明受采动影响软弱夹层有滑移现象。从坡面法向位移可知,如图2.8(c)所示,该位移曲线与软弱夹层层面法向位移曲线趋势相近,稳定值比软弱夹层的大,表明受采动影响坡面岩层有沿层面的滑移比软弱夹层大。

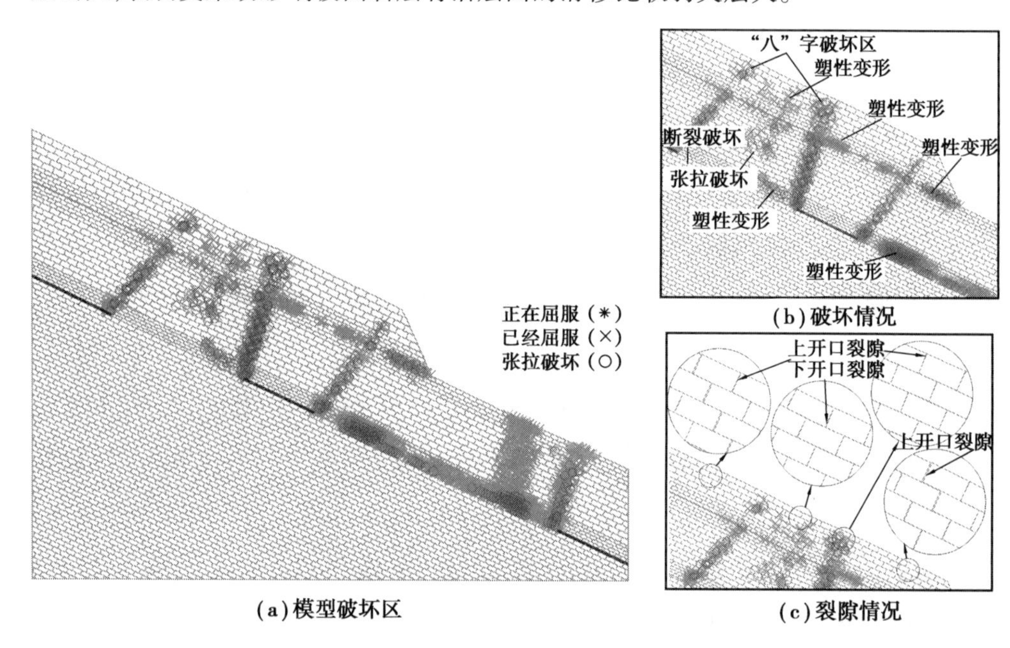

图2.7　方案Ⅱ开采后模型破坏区图

(3)方案Ⅲ

按方案Ⅲ,顺坡开采上中部矿层,考虑边界效应,顺坡下行开采两个区段形成采空区后,原有应力平衡状态受到破坏,引起应力的重新分布,采空区直接顶板岩层在自重及其上覆岩层的作用下,产生向下的移动和弯曲,如图2.9(a)所示。采空区上覆岩层破坏情况与方案Ⅰ相似,分别从两停采边界向地表坡面延伸,形成"八"字形

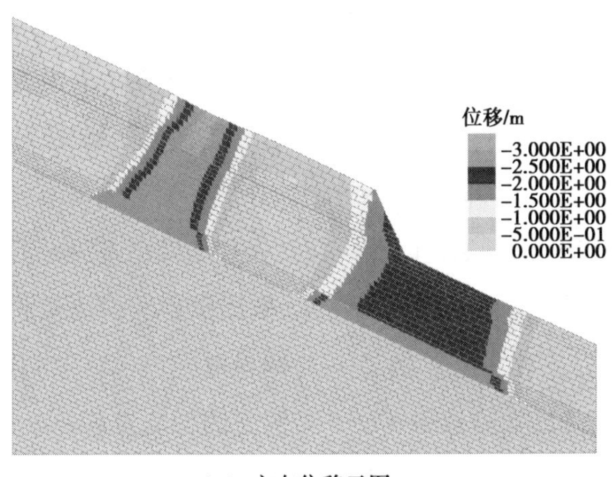

(a) y方向位移云图

(b)软弱夹层层面法向位移

(c)坡面法向位移

图 2.8　方案Ⅱ开采后模型位移

状塑性破坏区,同样,由于岩层顺层倾斜的原因,上停采边界处直接顶发生断裂,靠近下停采边界区域直接顶形成悬臂弯曲,该区域表现为塑性破坏。“八”字形状塑性破坏区内的软弱夹层,在靠近两侧破坏区的位置,发生不同程度的塑性变形和拉伸破坏,如图 2.9(b)所示。地下采空引起地表斜坡体出现多处裂隙,其中在采空区影响范围有两处明显的上开口裂隙,裂隙向软弱夹层延伸发育,如图 2.9(c)所示。

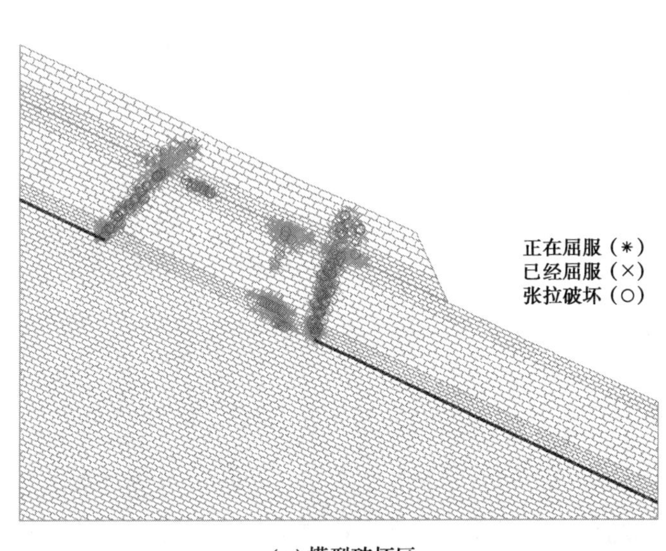

(a)模型破坏区

“八”字破坏区
塑性破坏
断裂破坏

(b)破坏情况

上开口裂隙

(c)裂隙情况

图 2.9　方案Ⅲ开采后模型破坏区图

按方案Ⅲ开采矿体形成采空区，采空区上覆岩层向采空区卸荷，产生下沉位移，如图2.10(a)所示，y方向上的位移云图基本呈对称状分布，特别是老顶至地表均表现为中间位移大，两侧下沉位移逐渐减小的趋势。由于停采上边界直接顶断裂，停采下边界直接顶悬臂弯曲，使得除停采下边界附近区域直接顶外的其他直接顶均呈现同样下沉位移。由于斜坡最上层灰岩沿岩层产生滑移，使该岩层中部出现最大下沉位移。从软弱夹层层面法向位移可知，如图2.10(b)所示，软弱夹层法向位移曲线呈盆状分布，中部区域位移量稳定，且为最大值，逐渐向两侧递减，但至某一微小值后，就不再递减，直至坡脚，表明受采动影响软弱夹层有沿层面的少量滑移现象。从坡面法向位移可知，如图2.10(c)所示，该位移曲线同样呈盆状分布，中部区域位移量稳定，且为最大值，逐渐向两侧递减，但下部坡面位移稍减小后，就稳定于定值，直至坡脚，且该稳定值比软弱夹层的大，表明受采动影响坡面岩层有沿层面的滑移现象，且滑移量比软弱夹层大。

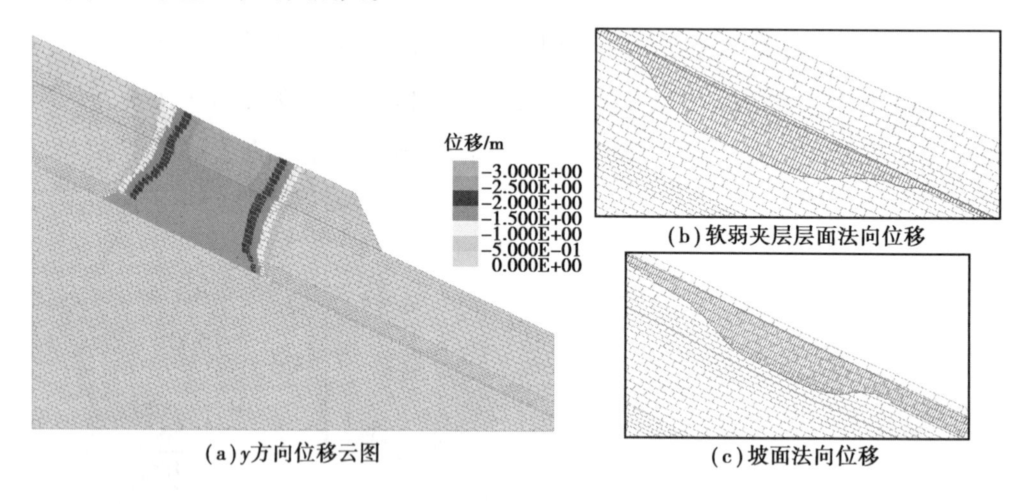

图2.10　方案Ⅲ开采后模型位移

(4)方案Ⅳ

按方案Ⅳ，逆坡开采矿体形成采空区后，采空区上覆岩层破坏情况与方案Ⅰ相似，分别从两停采边界向地表坡面延伸，形成"八"字形状塑性破坏区，由于岩层顺层倾斜的原因，上停采边界处直接顶发生断裂，靠近下停采边界区域直接顶形成悬臂弯曲，该区域表现为塑性破坏，如图2.11(a)所示。在采动影响范围内，软弱夹层几乎整层发生塑性变形和拉伸破坏，如图 2.11(b)所示。地下采空引起地表斜坡体出现多处裂隙，其中有两处上开口裂隙最为明显，且均垂直向软弱夹层延伸，如图 2.11(c)所示。

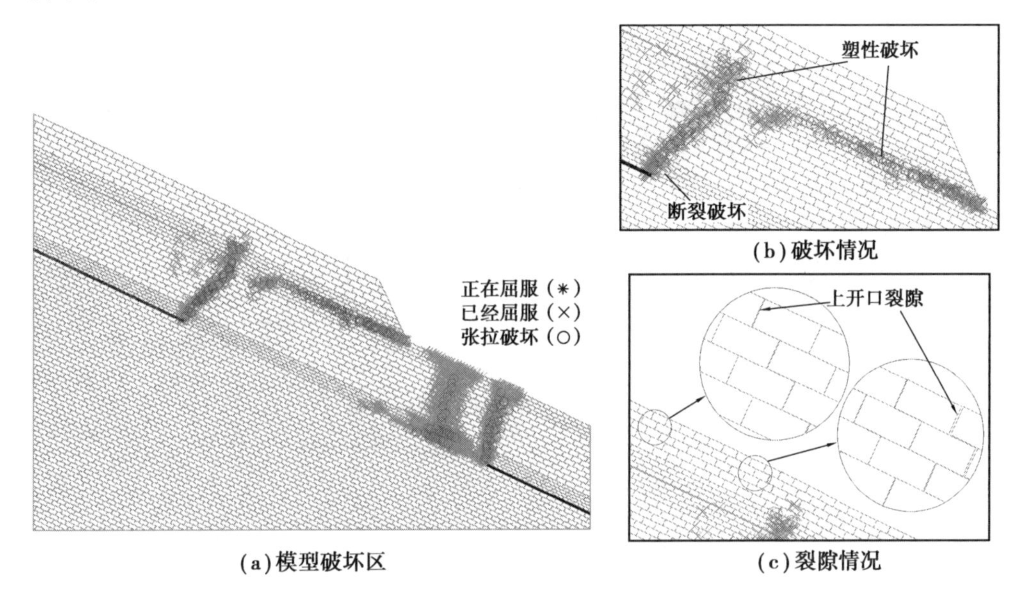

(a)模型破坏区　(b)破坏情况　(c)裂隙情况

图 2.11　方案Ⅳ开采后模型破坏区图

按方案Ⅳ逆坡开采矿体形成采空区，采空区上覆岩层向采空区卸荷，产生下沉位移，如图 2.12(a)所示，该位移云图基本呈对称状分布，特别是老顶至地表均表现为中间位移大，两侧下沉位移逐渐减小的趋势。由于停采上边界直接顶断裂，停采下边界直接顶悬臂弯曲，使除停采下边界附近区域直接顶外的其他直接顶均呈现同样大的下沉位移。由于斜坡沿软弱夹层产生滑移，使软弱夹层以上坡体出现最大下沉位移。从软弱夹层层面法向位移可知，如图 2.12(b)所示，该法向位移曲线呈半盆状分布，采动影响范围内呈递增趋势，增至一稳定值后，就不再递增，直至坡脚，表明受采动影响软弱夹层有滑移现象。从坡面法向位移可知，如图 2.12(c)所示，该位移曲线与软弱夹层层面法向位移曲线趋势相近，稳定值比软弱夹层稍大，表明受采动影响坡面岩层有沿层面的滑移比软弱夹层大。

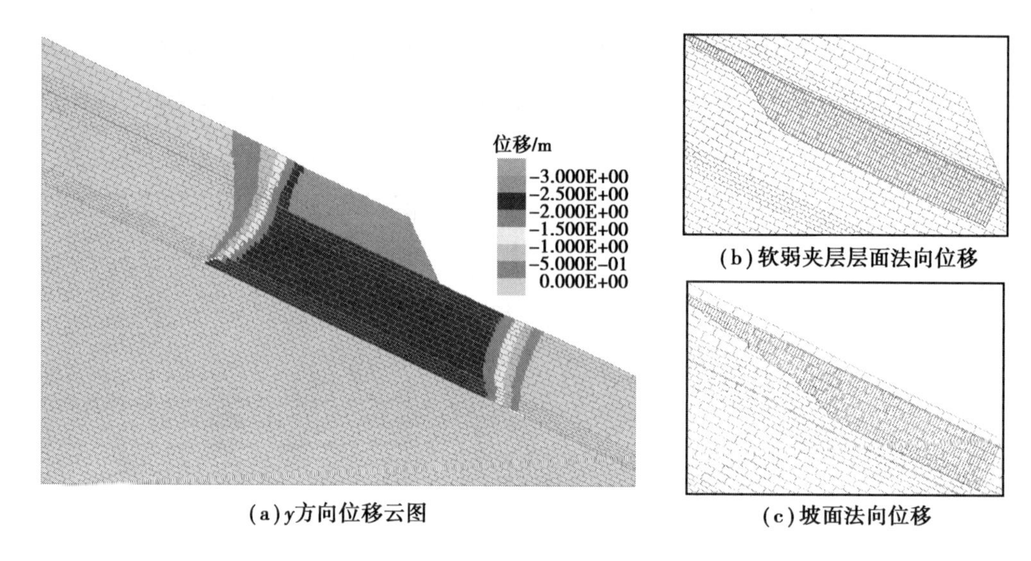

(a)y方向位移云图

(b)软弱夹层层面法向位移

(c)坡面法向位移

图 2.12 方案Ⅳ开采后模型位移

2.3 采动顺层岩质斜坡变形破坏特征分析

不同地下开采程序,形成了不同的斜坡与采空区之间的空间位置关系,进而造成了不同程度的斜坡变形破坏。将这种地表斜坡与采空区的空间位置关系归纳为4种类型进行分析,一一对比分析每一种类型的底摩擦模拟试验结果和数值模拟分析结果可知,每一种开采方案的两种研究方法结果基本一致,呈现的变形破坏现象基本相近。采动顺层岩质斜坡的变形破坏具有以下特征:

①山区斜坡体可作为平面问题研究。我国西南山区高山深谷发育,山脊斜坡坡体被两侧沟谷切割独立,山脊坡体前端往往是临空陡峭山崖,这种结构可看成一面临空的平面问题进行研究。本书研究对象为西南山区常见的含软弱夹层顺层岩质斜坡,因此,可将其看作平面问题进行研究。

②顺层岩质斜坡是西南山区常见的山体形态,其主要结构类型为层状结构,岩体层状结构主要为坚硬的中厚层状沉积岩中含软弱结构层。该岩体构造特征是接近均一的各向异性体,其变形及强度特征受层面及岩层组合控制,稳定性较差,发生

的岩土工程问题为不稳定结构体可能产生滑塌，特别是岩层的弯张破坏及软弱岩层的塑性变形。

4 种类型的开采程序总体都表现以下特征：地下采矿形成采空区后，岩体向采空区方向卸荷变形，各岩层发生弯张破坏，软弱夹层发生塑性变形，造成拉裂、破裂、滑移等破坏现象；采空区上覆岩层变形破坏均形成“三带”，即垮落带、裂隙带、弯曲下沉带，地表斜坡处于弯曲下沉带上部；斜坡坡体的破坏规模和变形程度主要受地质环境及开采程序控制。

③采动顺层岩质斜坡的地表坡面移动变形一般不会像平原地区那样出现明显的下沉盆地。地表移动现象很难用人眼识别，可通过仪器观测，但地表坡面可见采动引起的裂缝、崩滑和滑坡现象，特别常见采动裂缝发育。采动顺层岩质斜坡上的采动裂缝较发育，其大小和分布与地质条件、采矿条件、采空区范围、微地貌等有关。开采边界之外的坡面裂缝，主要由坡面受水平拉伸变形引起。采空区范围内的开采动态裂缝，随工作面的推进，按一定间距不断在工作面前方地表出现新的裂缝，这种裂缝主要是岩体和地表受采动影响向采空区方向产生不同程度的移动，形成水平拉应力导致的。

4 种类型开采程序开采矿体后，在开采影响范围内的顺层岩质斜坡岩层，整体呈现弯曲下沉态势，坡体出现明显上开口、下开口两类裂隙，上开口裂隙出现在开采影响范围边界，主要由坡面受拉伸变形引起，下开口裂隙出现在开采影响范围中部，主要由岩体和地表受采动影响向采空区方向产生移动引起。这两类裂隙中的一些裂隙已发育贯通整个斜坡坡体，为顺层岩质斜坡失稳发展创造了条件，最终发展成为采动顺层岩质滑坡的后缘。

④采动顺层岩质斜坡移动和变形的大小，与地质采矿条件、地表斜坡的坡度、微地貌以及表土层厚度和性质有关。采动顺层岩质斜坡移动与变形一般比类似地质采矿条件的平原地区要大[56]，也就是最大下沉值可能大于采厚，最大水平移动也可能大于最大下沉值，其他各种变形的最大值都可能比平原地区偏大。

4 种类型开采程序中，方案Ⅱ、方案Ⅲ、方案Ⅳ这 3 种开采程序的斜坡部分上层岩层都出现了最大下沉位移，其下沉值大于采厚，表明斜坡上层岩体受采动影响不仅向采空区方向产生了下沉，而且还沿岩层面或软弱夹层向临空方向产生了滑移。在地下采矿影响下，软弱夹层变形位移呈一定规律性。由4个底摩擦模拟试验的软弱夹层下沉曲线可知，软弱夹层下沉曲线呈现出“凹”“凸”“S”“反S”4种形态，如图2.3所示。在数值模拟中，由软弱夹层测线上的等间距18个测点，得到同一软弱夹层范围4种开采程序的软弱夹层下沉曲线，如图2.13所示，软弱夹层下沉曲线同样呈现出“凹”“凸”“S”“反S”4种不同形态。

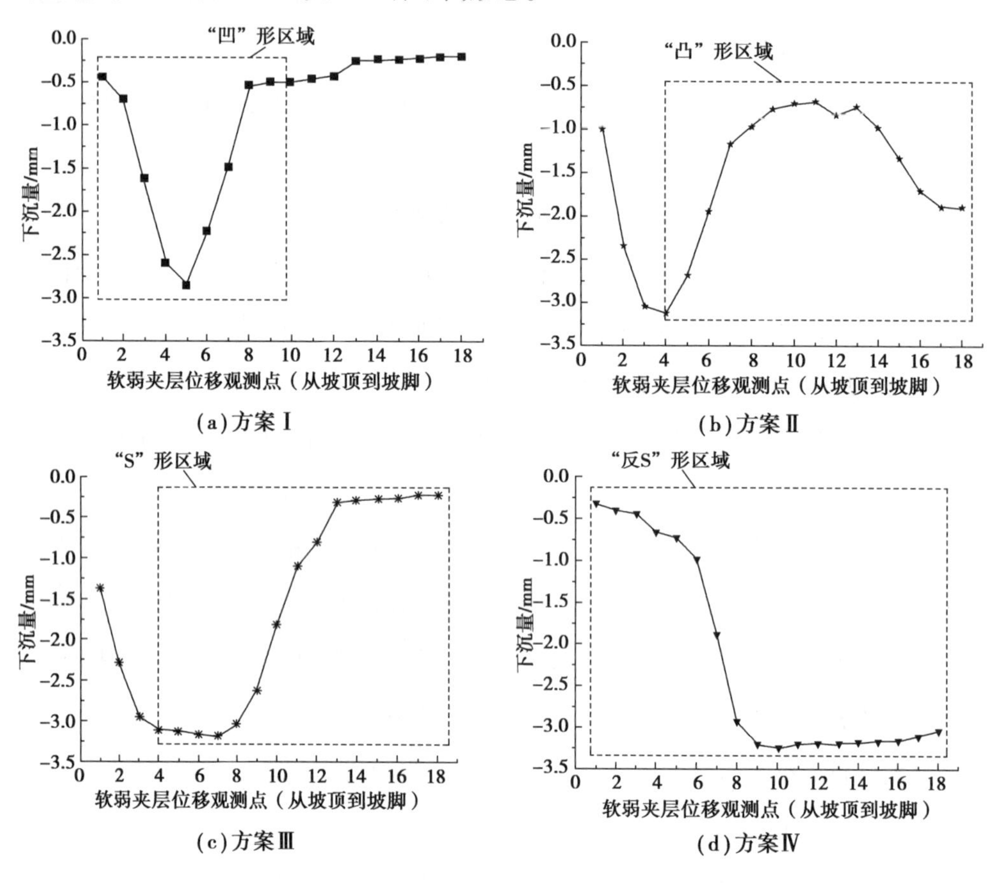

图2.13　数值模型的软弱夹层下沉曲线

在地下采动影响下顺层岩质斜坡的变形失稳主要是由采空区上覆岩层中的“关键层”[15]和软弱夹层（滑坡有效结构）耦合作用引起。地下采空后，采空区上覆岩层呈“三带”分布，受关键层的控制，软弱夹层及斜坡处于弯曲带，斜坡下矿层开采程序不同，采空区分布有所不同，其上覆岩层变形破坏响应也不同。软弱夹层是顺层岩质斜坡的潜在滑动面，是滑坡的有效结构，将不同采空区影响后的软弱夹层在倾向主剖面的下沉曲线分为4种类型："凹"形、"凸"形、"S"形、"反S"形，如图2.14所示。

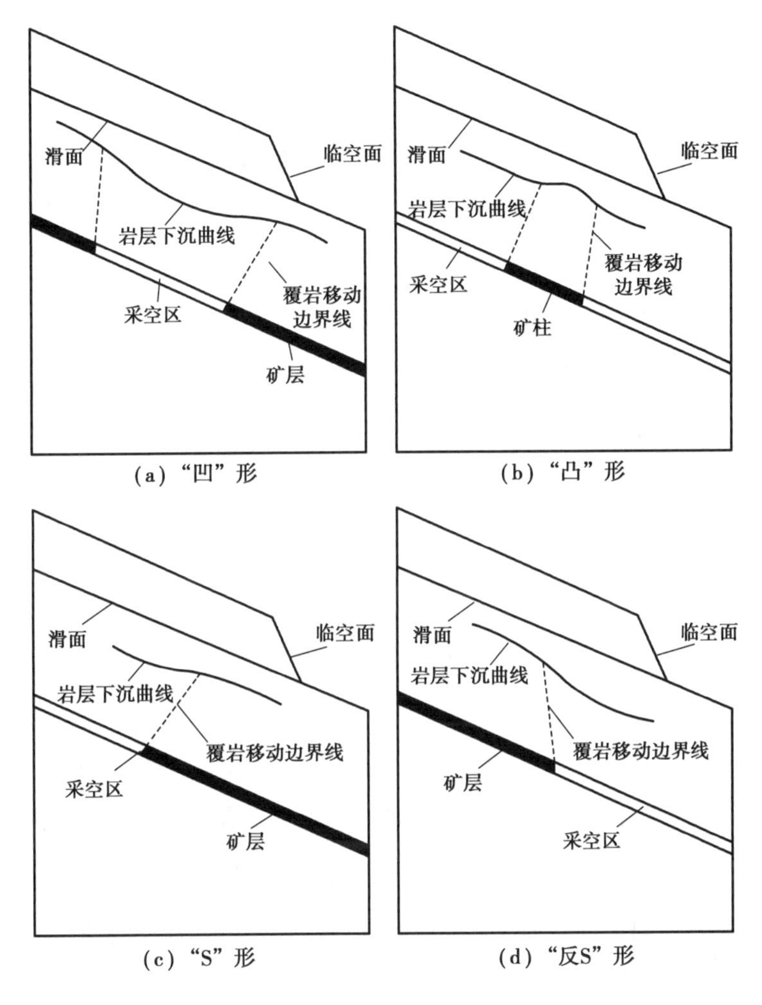

图2.14　采动后软弱夹层形态类别

对受采动影响后顺层坡体及软弱夹层(潜在滑面)进行分类，以便有针对性地研究每种类型对顺层斜坡的影响，从而预测坡体的稳定性。通过开采前预测开采对坡体稳定性造成的影响程度，为地下采矿对山区斜坡稳定性影响程度的评估、开采方案和边坡防护的设计提供依据。

⑤采动顺层岩质滑坡是采动顺层岩质斜坡变形破坏中最为严重的一种非连续滑动破坏，也就是开采沉陷诱发的滑坡或者崩塌。在采动影响下，采动滑移一般是必然发生的，而采动顺层滑坡不是所有情况下都会发生。采动滑坡或崩滑大多是突

发性的,但也有些过程漫长,可以延续到开采影响结束多年以后。

在不同开采程序影响下,顺层岩质斜坡表现不同的破坏程度,其稳定性也不相同。在4种开采方案中,跳采和逆坡开采,即方案Ⅱ和方案Ⅳ,斜坡前端坡体及软弱夹层破坏严重,斜坡前端有沿软弱夹层的滑移现象。这两个方案中的上开口裂隙均发育至软弱夹层,将斜坡前端分割成独立坡体,发展成为滑体的后缘,且上开口裂隙为地表降水的渗入创造了有利条件,若水进一步渗入软弱夹层,降低软弱夹层力学强度,当坡体抗滑力小于下滑力时,被分割的坡体会发生失稳滑坡。因方案Ⅱ下部采空区与方案Ⅳ一样为逆坡开采,所以,这类顺层岩质斜坡临空面下覆矿体被采空,导致顺层岩质斜坡变形破坏最为严重,且沿软弱夹层失稳滑坡的危险性最大,是采动顺层岩质滑坡的防治重点。因此,本书针对这类逆坡开采情况作了进一步的深入研究。

2.4 小　结

本章采用底摩擦模拟试验和数值模拟分析两种方法,分别对地下单区段开采、跳采、顺坡开采、逆坡开采4种类型形成的不同采空区与斜坡空间位置关系,进行了采动诱发顺层岩质斜坡的变形破坏响应研究,并归纳出采动顺层岩质斜坡变形破坏特征如下:

①山区斜坡体可作为平面问题研究。

②顺层岩质斜坡是西南山区常见的山体形态,其主要结构类型为层状结构,岩体层状结构主要为坚硬的中厚层状沉积岩中含软弱结构层。该岩体构造特征是接近均一的各向异性体,其变形及强度特征受层面及岩层组合控制,稳定性较差,发生的岩土工程问题为不稳定结构体可能产生滑塌,特别是岩层的弯张破坏及软弱岩层的塑性变形。

③采动顺层岩质斜坡的地表坡面移动变形一般不会像平原地区那样出现明显

的下沉盆地。地表移动现象很难用人眼识别,可通过仪器观测,但地表坡面可见采动引起的裂缝、崩滑和滑坡现象,特别常见采动裂缝发育。采动顺层岩质斜坡上的采动裂缝较发育,其大小和分布与地质条件、采矿条件、采空区范围、微地貌等有关。开采边界之外的坡面裂缝,主要由坡面受水平拉伸变形引起。采空区范围内的开采动态裂缝,随工作面的推进,按一定间距不断在工作面前方地表出现新的裂缝,这种裂缝主要是岩体和地表受采动影响向采空区方向产生不同程度的移动,形成水平拉应力导致的。

④采动顺层岩质斜坡移动和变形的大小,与地质采矿条件、地表斜坡的坡度、微地貌以及表土层厚度和性质有关。采动顺层岩质斜坡移动与变形一般比类似地质采矿条件的平原地区要大,也就是最大下沉值可能大于采厚,最大水平移动也可能大于最大下沉值,其他各种变形的最大值都可能比平原地区偏大。

⑤在地下采矿影响下,软弱夹层变形位移呈一定规律性。软弱夹层是顺层岩质斜坡的潜在滑动面,是滑坡的有效结构,将不同采空区影响后的软弱夹层在倾向主剖面的下沉曲线分为 4 种类型:“凹”形、“凸”形、“S”形、“反 S”形。

⑥采动顺层岩质滑坡是采动顺层岩质斜坡变形破坏中最为严重的一种非连续滑动破坏,在采动影响下,采动滑移一般是必然发生的,而采动顺层滑坡不是所有情况下都会发生。顺层岩质斜坡临空面下覆矿体被采空,导致顺层岩质斜坡变形破坏最为严重,且沿软弱夹层失稳滑坡的危险性最大,是采动顺层岩质滑坡的防治重点。

3

采动顺层岩质斜坡变形破坏相似模拟试验

3.1 采动顺层岩质斜坡变滑面相似模拟试验方法

相似模拟试验方法是研究地下开采引起地表及岩体移动变形破坏的常用方法，能较真实、直观地再现地下开采过程中上覆岩层及地表坡体移动变形破坏失稳的全过程。

采动顺层滑坡是山体由里及表、由内到外、由下而上的变形破坏过程的最终结果，这与自然因素和地面人类工程活动影响而形成的滑坡恰恰相反。采动顺层滑坡首先是受采动影响后，单斜顺层滑面变成了各种形态的曲面，滑面的变形造成了滑体的破坏，最终形成滑坡。采动顺层滑坡的形成过程是：地下采矿→顺层滑面形态改变→顺层滑坡产生。因此，目前采用相似模拟试验，研究地下开采诱发地表坡体移动变形破坏机制，都是搭建从地下矿层底板至地表坡体全貌或全切面的相似模型进行试验。这类相似模型往往几何尺寸较大，若矿层上覆岩层地质构造复杂，则难以准确模拟实际地质情况，且受模型架有效尺寸限制，局限于模拟埋深较浅的矿层开采。对于埋深较大的矿体，几何相似后矿层及软弱夹层很薄（如200 m埋深的1.2 m厚矿层，软弱夹层厚0.5 m，对有效尺寸为3.0 m×2.0 m×0.3 m的模型架，几何相似常数取100，相似模型中矿层厚只有0.012 m，软弱夹层厚仅0.005 m），难以搭建相似模型且不准确，采动后软弱夹层及坡体运移状态不明显。若采用大型模型架，相似材料用量太多，装填工作量庞大。综上所述，现有相似模拟试验方法及试验装置具有以下不足：

①材料用量多、试验工作量大、周期长；

②模型尺寸受限、相似比小，不能对矿层、软弱夹层（滑面）、滑体等关键细部做放大处理；

③滑面力学参数难于控制，模型材料装填完成后，在重力作用下，滑面上下的相似材料颗粒相互嵌陷，力学参数面目全非；

④一个模型只能在特定的地质及生产技术条件下进行试验，任何试验条件的改变都要重建模型。

针对上述问题，提出了采动顺层岩质斜坡变滑面相似模拟试验方法。该方法是在相似模拟试验中，以高强胶板作为潜在滑面，用高强胶板的变形间接模拟地下开采对顺层斜坡（潜在滑体）的影响。顺层斜坡相似模型的其他条件不变，仅改变滑面的变形形态及挠曲程度，即通过改变下边界的位移边条，从而改变滑面及滑体的应力分布，进而引起滑体的变形破坏乃至失稳。中华人民共和国成立以来，我国的科技工作者进行了大量的矿山开采沉陷研究工作，积累了大量的现场实测资料，总结了各种地质及生产技术条件下矿山开采地表的沉陷规律和岩移参数，发展了概率积分法、剖面函数法等开采沉陷预计理论，可以用开采沉陷预计理论、数值模拟分析或相似条件工程类比法得到滑面的变形量，其误差是很小的。这样就可以在模型上实施采动顺层斜坡变滑面相似模拟试验研究。该试验方法只搭建潜在滑面以上的滑体，大大节省了配制和装填基岩、矿层等滑面以下岩层的相似材料用量，且缩短了模型堆建时间，减少了工作量；可对研究关键细部如滑体做放大处理；采用开采沉陷预计理论、数值模拟分析或相似条件工程类比法得到地下开挖后滑动面（软弱结构面或软弱夹层)变形数据,特别是对地质构造复杂的岩层比人工开挖相似模型矿层结果更准确,可操作性更强。

对山区临空外倾含软弱夹层结构的顺层岩质斜坡而言,软弱夹层即为潜在滑面,顺层岩质斜坡即为潜在滑体,软弱夹层受地下采矿影响的弯曲下沉变形量,可以由数值模型模拟分析得到。

3.2 采动顺层岩质斜坡变滑面相似模拟试验装置

3.2.1 装置结构及功能

在采动顺层岩质斜坡变滑面相似模拟试验方法设想的基础上,本课题组自主研制了采动顺层斜坡变滑面相似模拟试验装置,该试验装置为二维相似模拟试验系统,主要由四边固定的框架、基板、升降油缸、高度调节装置、拉力传感器、压力传感器、高强胶板、定位槽和定位栓等组成,模型架的有效尺寸(长×高×宽)为2.66 m×2.08 m×0.298 m,高强胶板宽度为29.8 cm。试验装置结构示意图如图3.1所示。

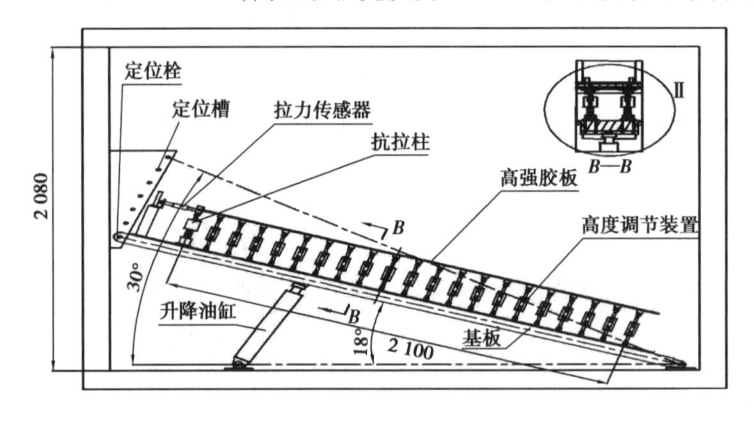

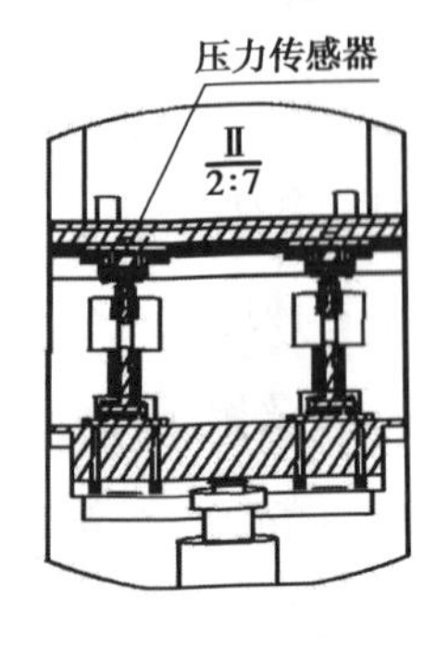

图3.1 试验装置结构示意图

四边固定的框架为钢架,在左框架的内侧设置定位槽,定位栓穿过定位槽和基板的一端,可将基板一端固定于定位槽上的不同高度,基板的另一端铰接在底部框架上,以此模拟不同岩层倾角。升降油缸安装在底部框架上,斜向上顶在基板底部。在基板上方安装高强胶板,基板和高强胶板等间距设置2排共40个高度调节装置。相似材料装填在高强胶板上,模拟范围是软弱结构层及其上部坡体两个部分。改变相似模型中高强胶板的变形形态,即通过改变下边界的位移边条,从而改变软弱结构层及斜坡的应力分布,进而引起斜坡的变形破坏甚至失稳。用开采沉陷预计理论、数值模拟分析或相似条件工程类比法,可以获得采动引起软弱结构层的下沉变形量。根据试验结果优化开采程序及采矿方法,可预防采动滑坡。该试验装置具体功能如下:

①模拟不同力学特性的软弱结构层或岩层。在高强胶板上覆盖不同润滑材料(如凡士林、黄油、石墨粉、保鲜膜、高岭土等),以此满足各种地质条件软弱结构层或岩层的抗剪强度要求。

②模拟不同倾角的岩层。升降油缸将基板支撑到不同高度,用定位栓固定,可模拟岩层倾角范围为18°~30°。

③模拟地下开采影响下软弱结构层或岩层的各种挠曲形态。调节高度调节装置改变高强胶板的挠曲形态,高度调节装置下调量为3.0 mm/圈,最大可调下沉量为6.0 cm,也可用游标卡尺保证调节精度。

④模拟地下重复采动对地表斜坡的影响。一次调节高强胶板稳定后,再根据地下重复开采情况,进行二次变形调节。

⑤监测软弱结构层和斜坡的应力应变情况。布置位移及应力传感器,可测定软弱结构层及斜坡上各点的位移变化及应力情况。

3.2.2 相似原理

(1)相似三定理

根据相似原理,研制相似模拟装置,即要求搭建的模型要和原型相似,模型能够反映原型的情况。不仅要求几何形状相似,应力、应变、位移等同类物理量也必须按比例相似。相似原理[146-148]表述为:若有两个系统(模型与原型)相似,则它们的几何特征和各个对应的物理量必然互相成为一定的比例关系,这样就可以由模型系统的物理量推测原型相应的物理量。相似三定理用于模型设计的指导和试验数据处理,其具体内容如表3.1所示。

表3.1　相似三定理

序号	名称	内容
1	相似第一定理	相似现象具有的性质,即相似现象的相似准则相等,相似指标等于1,且单值条件相似
2	相似第二定理	如果现象相似,描述此现象的各种参量之间的关系可转换成相似准则之间的函数关系,且相似现象的相似准则函数关系式相同
3	相似第三定理	若两个现象能被相同文字的关系式所描述,且单值条件相似,同时由此单值条件所组成的相似准则相等,则此两现象相似

相似三定理是进行相似模拟试验的理论依据。由相似第一定理,可在模型试验中将模型系统得到的相似判据应用到所模拟的原型系统。由相似第二定理,可将模型中得到的试验结果用于与其相似的实物上。由相似第三定理,可知道模型试验必须遵守的法则。

(2)装置的单值条件和相似判据

相似模型模拟方法的单值条件有:几何条件(或空间条件)、物理条件(或介质条件)、边界条件和初始条件。实质上,各种物理量的现象都是由单值条件引出的,因此在相似模型模拟中,必须使相关单值条件都满足相似要求[22]。利用本相似模拟试验装置进行相似模型模拟试验,可以满足单值条件和相似判据的要求。

①几何相似。

利用模型研究某原型的有关问题时,需模型与原型各部分的尺寸按同样的比例放大或缩小,达到几何相似。本相似模拟试验装置为二维平面模型,其长度比厚度尺寸要大很多,在其中任取一薄片,而受力条件均相同的结构,只要保持平面尺寸几何相似即可,在厚度不作相似的要求,按模型稳定的要求及以往平面模型架尺寸的经验,选取本试验装置模型厚度为0.298 m。

②物理相似。

在相似模拟方法中,因模型中所要解决的问题不同,起控制作用的物理常数往往也不同。本相似模拟试验装置的模型形状尺寸、物理力学参数均在现场观测取样,室内实验测试,按相似准则及相似比搭建相似模型。由于研究地下开采对顺层岩质斜坡变形破坏的影响,相似模拟试验所需考虑的主要参数有几何尺寸 l、容重 γ、泊松比 μ、弹性模量 E、抗拉强度 σ_t、抗压强度 σ_c、时间 t 等,因此,包括上述物理量的完全方程可表示为:

$$F(l,\gamma,\mu,E,\sigma_t,\sigma_c,t) = 0 \tag{3.1}$$

用 p 和 m 表示原型和模型的物理量,C 表示相似比,将各物理量之间的相似比定义为:几何相似比 $C_l = l_p/l_m$,容重相似比 $C_\gamma = \gamma_p/\gamma_m$,位移相似比 $C_\delta = \delta_p/\delta_m$,泊松比相似比 $C_\mu = \mu_p/\mu_m$,应力相似比 $C_\sigma = \sigma_p/\sigma_m$,应变相似比 $C_\varepsilon = \varepsilon_p/\varepsilon_m$,弹性模量相似比 $C_E = E_p/E_m$,时间相似比 $C_t = t_p/t_m$。根据相似定理及力学原理,结合弹性力学方程或量纲分析方法,可以推导出相似模拟试验应满足的基本相似判据为:

$$C_\sigma = C_l C_\gamma;C_E = C_\sigma;C_\delta = C_l;C_t = \sqrt{C_l};C_\varepsilon = C_\mu = 1 \tag{3.2}$$

除满足上述关系式外,还要求材料的各项强度指标的相似比一致,即

$$C_\sigma = C_E = C_{\sigma_c} = C_{\sigma_t} \tag{3.3}$$

③边界条件。

模型的边界条件应尽量与原型一致。利用本相似模拟试验装置进行试验时,在受地下开采影响前,模型的上部和右侧边界是自由边界,下部是软弱结构层(潜在的滑面),它是临空外倾的单斜结构面,它限制法向位移并通过高强胶板(软弱结构层)抗剪强度对斜坡坡体(潜在的滑体)提供抗剪力,左侧是限制水平位移的边界条件。在模型堆建时,在高强胶板的前、后侧设置挡板,保证模型前后表面不产生变形,满足平面应变的要求。

④初始状态。

初始状态是指原型的自然状态,对岩体而言,主要的初始状态是岩体的结构状

态。本相似模拟试验装置的高强胶板模拟原型的软弱夹层或软弱结构面，通过材料剪切试验，选取与原型的软弱夹层或软弱结构面具有相似力学参数的材料，涂抹在高强胶板上，保证高强胶板的强度曲线和原型相似（可用强度指标 C、φ 表示）。

3.2.3 装置优越性

该相似模拟试验装置除具有二维平面应变相似模拟试验系统的优点外，还具有如下优点：

①用高强胶板的变形间接模拟了地下开采的影响，大大节省了配制和装填基岩、矿层等潜在滑面以下岩层的相似材料用量，减少了工作量，缩短了模型堆建时间。

②利用开采沉陷预计理论、数值模拟分析或相似条件工程类比法，得到地下开采后潜在滑面的下沉变形，比人工开挖相似模型矿层，特别是对地质构造复杂的岩体，可操作性更强，结果更准确。

③在试验装置的高强胶板上涂抹不同材料，模拟不同物理力学特性的岩层，能满足不同地质条件下岩层抗剪强度的要求。

④利用装置的压力传感器和端头拉力传感器，能测定地下开采过程中及稳定后，潜在滑面的压应力和剪应力变化情况。

⑤能测定模型坡体上的位移变化及应力情况，且能直观地观测到斜坡变形破坏失稳的现象。

3.2.4 试验基本步骤

该试验方法的具体试验步骤如下：

①固定采动顺层岩质斜坡变滑面相似模拟试验装置的基板倾角。调节升降油缸，使基板和高强胶板的倾角达到模拟岩层的倾角，并插入定位栓固定。

②剪切试验。通过材料剪切试验，选取与软弱结构层（潜在滑面）物理力学参数相似的材料，并涂抹在高强胶板上，以保证高强胶板的强度曲线和原型相似。

③准备相似模型材料。根据相似判据配比相似模型材料。

④调试高强胶板下的压力传感器,记录初始值。

⑤堆砌相似模型。在高强胶板的前、后、左、右侧均设置挡板,构成模型框架,按岩层性质分别装入相似材料,捣固压实,同时,在相似材料中埋设应力传感器。

⑥相似模型通风干燥,达到试验强度后,拆去挡板,设置位移观测点。

⑦改变高强胶板挠曲形态。根据开采沉陷预计理论、数值模拟分析或相似条件工程类比法,预测软弱结构层(潜在滑面)的下沉变形曲线,并换算成高度调节装置的调节量,调节高度调节装置,改变高强胶板挠曲形态。

⑧观测记录。待相似模型稳定后,观测相似模型应力、位移的变化情况,记录斜坡的变形、破坏、失稳现象。

3.3 相似模拟试验

3.3.1 研究区概况

(1)地质及开采技术条件

研究区域位于某煤矿 111 采区南翼,受该采区 1112 及以下工作面(1114 工作面和 1116 工作面)逆坡(上行)开采影响,所采煤层为三叠系须家河组第六段第二带外连、内连煤层。外连煤层老顶为须家河组第六段第三带砂岩及以上岩层,直接顶为灰质、泥沙岩夹煤线,外连、内连煤层平均可采厚度均为 1.35 m。外连、内连层之间为灰质、泥沙岩夹煤线,厚度约 7.02 m。煤层倾角由南向北逐渐变缓,平均为 18°,属缓倾斜近距离薄煤层开采。采用走向长壁采煤法。煤层间的开采顺序是先采外连煤层后采内连煤层。外连、内连煤层顶板管理为全部陷落法。

(2)不良地质现象

1112 及以下工作面外内连煤层于 2003 年 9 月采空,地下开采造成该采区地表影响范围内的坡体产生变形破坏,引起部分地表水漏失、地面塌陷、地裂缝和建(构)筑物开裂变形等不良地质现象,但未因开采影响而造成大的地质灾害。据统计,在该开采影响范围内发现地裂缝约 20 条,地裂缝发育长 2.3 ~5 m,宽 0.02 ~0.3 m。塌陷区域整体呈圆形,直径 0.6 ~0.8 m,深度 0.4 ~1.1 m。房屋变形特点多表现为墙裂、顶裂、地裂等,墙体裂缝一般沿砖缝延伸,缝宽 0.03 ~0.08 m。该矿采取了充填塌陷、修补和搬迁房屋等防治措施。

(3)滑坡基本特征

在地下采矿活动 2 年后,即 2005 年"9·5"洪灾时,当地处于雨季,连续降雨 10 余天后,约 30 万 m^3 山体沿厚约 0.5 m 的页岩软弱夹层发生单滑面岩质滑坡,造成死亡 3 人,伤 4 人,房屋垮塌 18 间的地质灾害。滑坡区内地形坡度为 17° ~45°,滑坡体由表土层和基岩两部分组成,地表土体为第四系坡、残积层(Q_4^{dl+el}),由碎石、粉质黏土等组成,厚度薄,基岩为砂质泥岩。滑坡体长约 114 m,宽约 66 m,平均厚约 40 m。滑坡区地质地形及巷道布置如图 3.2 所示。

在顺层岩质斜坡之下,逆坡开采煤体,全面垮落法形成采空区后,采空区上覆岩体自下而上地向地表及采空区方向卸荷。当岩层运动发展至软弱夹层下部的泥岩层时,由于泥岩层的弯曲刚度小,其最大曲率(或最大挠度)大于上部砂质泥岩坡体,且软弱夹层强度低,在软弱夹层上发生离层,使软弱夹层上的斜坡岩层形成"悬臂梁"结构形态,随着开采的推进,当斜坡岩体达到抗拉强度时,产生张拉裂缝,如图 3.3(a)所示。在地表降水作用下,裂缝被侵蚀,裂缝壁面抗拉强度降低,同时水流在裂缝中产生水压劈裂作用,使裂缝持续向深部扩展,裂缝贯穿至软弱夹层,形成滑坡体后缘裂缝,如图 3.3(b)所示。

扩展至深部软弱夹层的裂缝,为地表降水弱化软弱夹层创造了条件,软弱夹层力学强度不断弱化,地下开采结束 2 年后的连续降雨季节,软弱夹层被水充分弱化,形成滑动面,如图 3.4(a)所示,加之渗入裂隙中水的动水压力和静水压力作用,斜坡坡体自身所受的抗滑力无法抵抗下滑力,便沿着软弱夹层发生滑坡。该滑坡是典型的逆坡开采诱发的采动顺层岩质滑坡。从滑坡现场图可见,滑坡体后缘位于该顺层岩质斜坡中部,由地下开采造成的地裂缝引起,如图 3.4(b)所示。

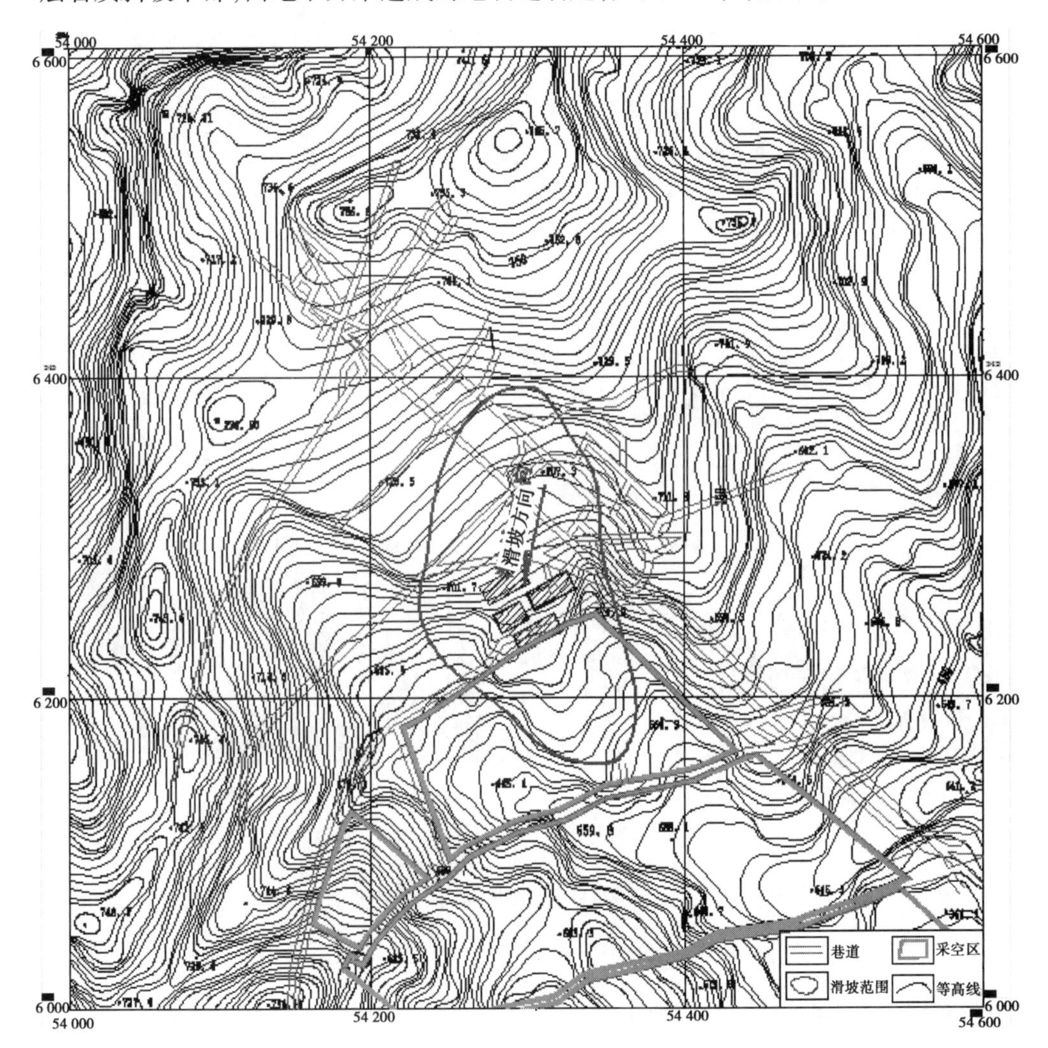

图 3.2　滑坡区地质地形及巷道布置图

滑体由斜坡高陡临空方向滑下,产生高速动能铲刮坡下民房和农作物,堆积于坡底平缓区域,如图 3.5 所示。

(a)张拉裂缝

(b)滑坡体后缘裂缝

图 3.3　张拉裂缝及其扩展

(a)软弱夹层（滑动面）

(b)滑体后缘

图 3.4　滑动面及滑体后缘

经上述分析可知，该采动顺层岩质滑坡是地下开采诱发地表顺层岩质斜坡产生地裂缝，在地下采动和地表降水作用下，裂缝不断扩展至软弱夹层，即裂缝和软弱夹层将斜坡切割成断裂块体，在地下开采结束后两年的时间里，软弱夹层被裂缝渗入的水不断弱化，加之连续降雨产生的裂隙动水压力和静水压力共同作用，断裂坡体所受的抗滑力不足以抵抗下滑力，沿软弱夹层发生顺层岩质滑坡。该滑坡的断裂破坏情况如图 3.6 所示。

图 3.5　滑体运动堆积

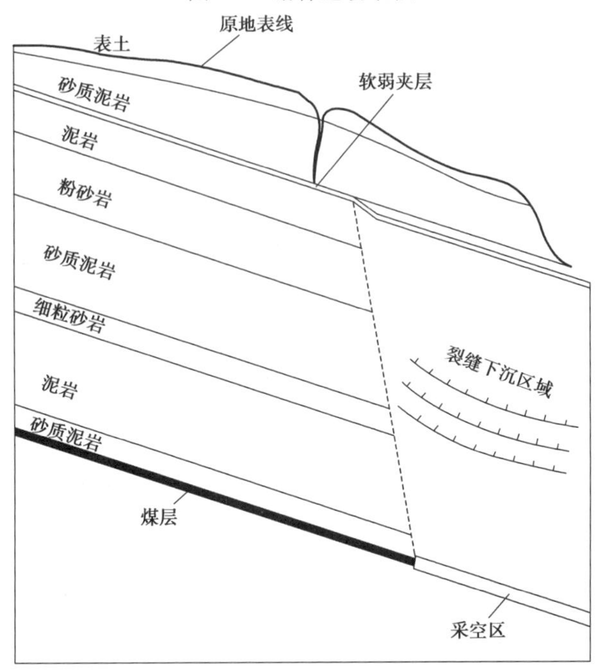

图 3.6　采动后危岩体断裂破坏示意图

3.3.2 相似模型搭建

(1)试验方案

相似模型以研究区采动顺层岩质滑坡为原型,模拟该滑坡区域1112及以下工作面(1114工作面和1116工作面)逆坡开采外连、内连煤层影响下,地表顺层岩质斜坡(滑体)的变形、破坏、失稳现象。利用数值模型模拟分析获得该原型外连、内连煤层开采后软弱夹层的下沉曲线,作为相似模拟试验中高度调节装置对应的下沉调节量。试验过程中,首先模拟外连煤层逆坡开采,下调高度调节装置改变高强胶板形态,观测相似模型变形、破坏情况。待模型稳定后,继续模拟内连煤层逆坡开采,下调高度调节装置改变高强胶板形态,观测相似模型变形、破坏情况。外连、内连煤层开采结束,相似模型稳定后,根据裂缝情况,满足平面应变要求,采取封孔密闭措施,保证相似模型裂缝前后表面上不产生变形、鼓出、跑水,模拟地表降水对斜坡稳定性的影响。

(2)相似材料确定

本次相似模拟试验的主要参数有几何尺寸l、容重γ、位移δ、应变ε、泊松比μ、应力σ、弹性模量E、抗拉强度σ_t、抗压强度σ_c、黏聚力c、内摩擦角φ、摩擦因数f。在考虑试验装置有效尺寸的基础上,确定相似常数。本相似模型采用几何相似比$C_l = l_p/l_m = 100$,砂质泥岩原型容重25.31 kN/m^3,模型容重1 500 kg/m^3,即15 kN/m^3,可得以下相似常数:$C_\gamma = \gamma_p/\gamma_m = 1.69$,$C_\delta = C_l = 100$,$C_\sigma = C_l C_\gamma = C_E = 169$,$C_\varphi = C_\varepsilon = C_\mu = C_f = 1$。

外界动力条件模拟,主要是确定大气降雨环境因素的相似系数。降雨强度和降雨历时可以用来表征降雨过程[149],从而描述降雨环境因素。因此,研究降雨强度和降雨历时的相似条件,并确定降雨强度和降雨历时的相似系数就可以模拟降雨因素。根据相似定理,用量纲分析的方法确定了模拟降雨强度和降雨历时的相似系数分别为$C_q = \sqrt{C_l} = 10$;$C_t = \sqrt{C_l} = 10$。

按照相似材料的选取要求,结合现场岩石力学参数,参照《岩石力学实验模拟技术》一书中的配比,本试验模拟岩层均以砂为骨料,以石膏为主要胶结物,石灰和高岭土为辅助胶结物进行配比,确定配比号为7∶15 15 70,即表示砂胶比为7∶1,在一份胶结物中石灰∶高岭土∶石膏为0.15∶0.15∶0.7,加水量为混合物的1/9,模型自然干燥至含水率为8%。相似模型材料配比及其用量如表3.2和表3.3所示。

表3.2　相似模型材料配比

岩层	原型厚度/m	模型厚度/cm	配比号	材料抗压强度/MPa	材料抗拉强度/MPa
砂质泥岩	40	40	7∶15 15 70	4.12	0.046 72

表3.3　相似模型材料用量

岩层	砂/kg	石膏/kg	石灰/kg	高岭土/kg	水/kg	硼砂/g
砂质泥岩	296.6	29.7	6.4	6.4	37.7	377

(3)剪切试验

本试验设备为重庆大学剪切试验台,测定与软弱夹层物理力学参数相似的材料,即在高强胶板上覆盖某种材料,使高强胶板与相似材料间的力学性质与原型软弱夹层相似。本试验的备选材料为黄油、高岭土、机油、保鲜膜、凡士林、石墨粉,其试验过程如图3.7所示。

试验结果及拟合直线,如图3.8所示。

由拟合的强度直线,可得每种相似材料与高强胶板间的内聚力 C 和内摩擦角 φ,如表3.4所示。

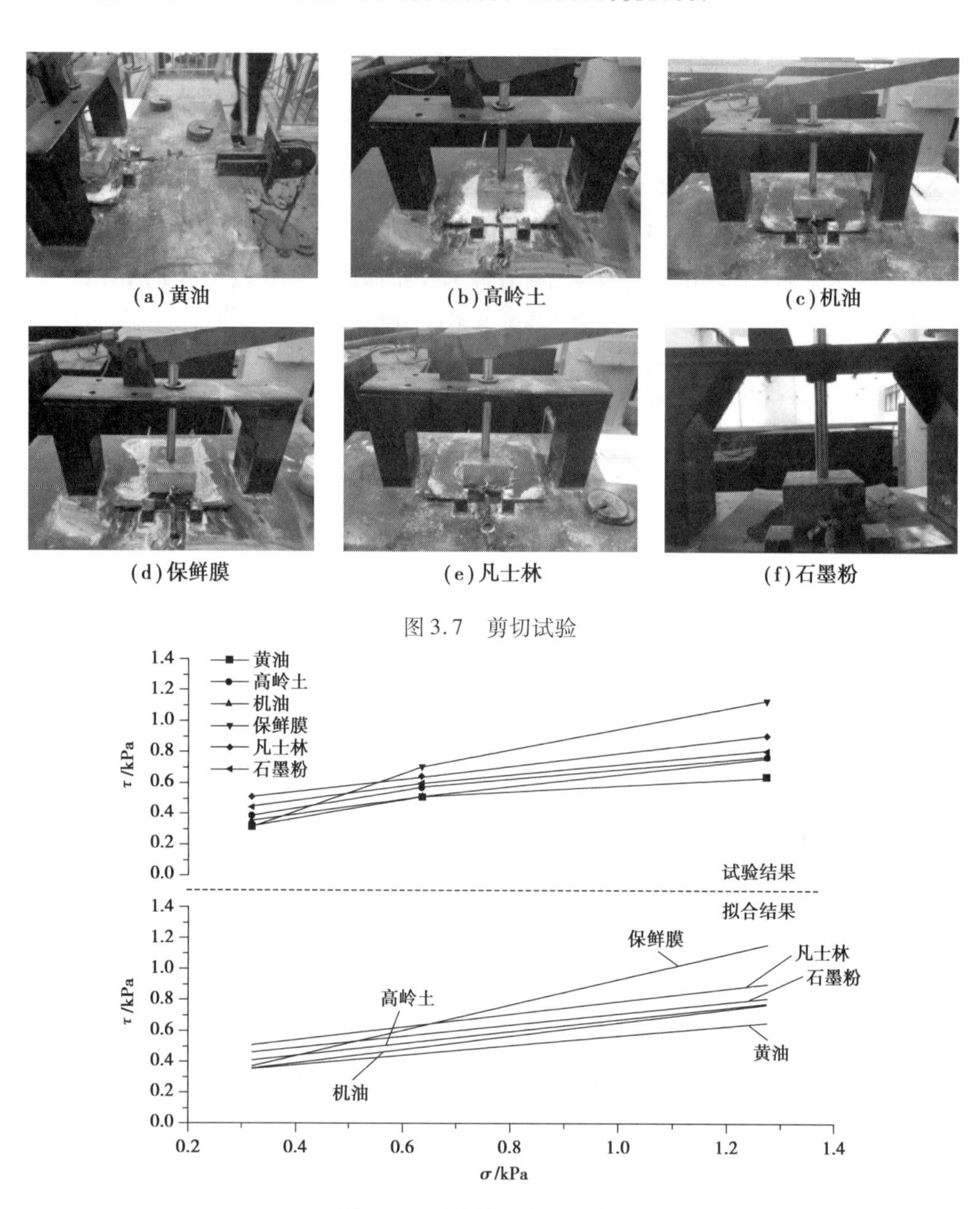

图 3.7 剪切试验

图 3.8 6 种材料剪切试验结果

表 3.4 材料力学参数

名称	黄油	高岭土	机油	保鲜膜	凡士林	石墨粉
内聚力 C/kPa	0.254 8	0.286 8	0.223	0.104 4	0.377 6	0.340 4
内摩擦角 φ/(°)	17.4	21.1	23.2	39.5	22.3	20.3
拟合直线相关系数 R^2	0.909 6	0.963 9	0.996 6	0.975 3	0.999 9	0.991 8

软弱夹层参数为 $C = 0.25$ MPa、$\varphi = 16°$，由表 3.4，选定黄油作为模拟软弱夹层的相似材料，涂抹于高强胶板上。

(4)测点布置

在坡体顺层方向，即平行于高强胶板，布置 4 条位移观测线，分别为观测线 1、观测线 2、观测线 3、观测线 4，共计 65 个观测点。沿坡体倾斜方向布置 3 条应力观测线，共计 16 个应力观测点，应力观测点中埋设应变土压力盒，测坡体应力变化情况，如图 3.9 所示。另该试验装置在 40 个高度调节装置与高强胶板之间均设置压力传感器，即 2 排每排 20 个，测滑面应力变化情况。在高强胶板端头，设置一个端头拉力传感器，可测得滑面的剪应力变化情况。压力传感器和拉力传感器的具体位置如图 3.1 所示。

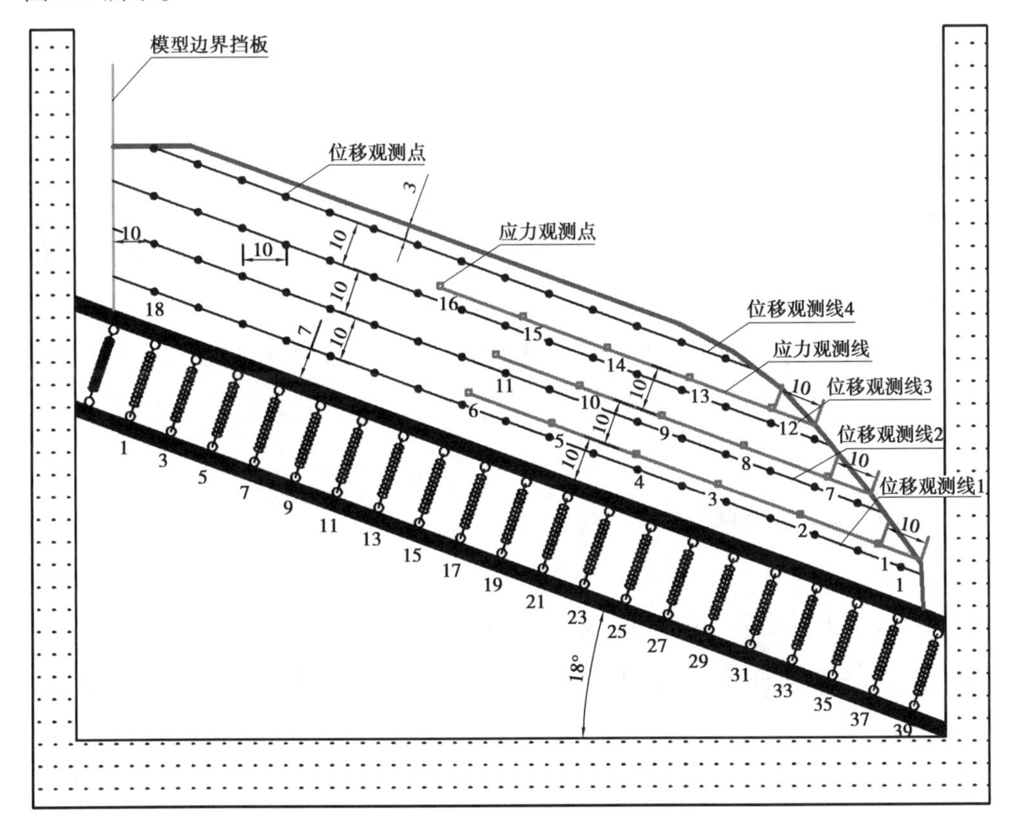

图 3.9　观测点布置图

模型堆砌完成后如图 3.10 所示。

图 3.10　相似模型

(5)测试仪器及数据收集

在相似模型开采过程中,DMTY 型应变土压力盒接重庆大学 ASMD3-16 动态应变仪实时采集压力盒数据。DMHZ 型荷载传感器连接 JM5951 型静态应变测试系统收集数据,如图 3.11 所示。

将高精度数码相机固定架设,并调整焦距对准相似模型,在试验过程中对相似模型的变形破坏定焦拍照。采用数字散斑技术提取模型的位移变化情况[150-152]。

3.3.3　变滑面下调量计算

采用数值模拟分析,获得相似模拟试验中高强胶板变形量。通过室内岩石力学试验(单轴、三轴抗压试验和巴西劈裂试验),得到岩石的物理力学参数,如表 3.5 所示。

(a) DMTY型应变土压力盒

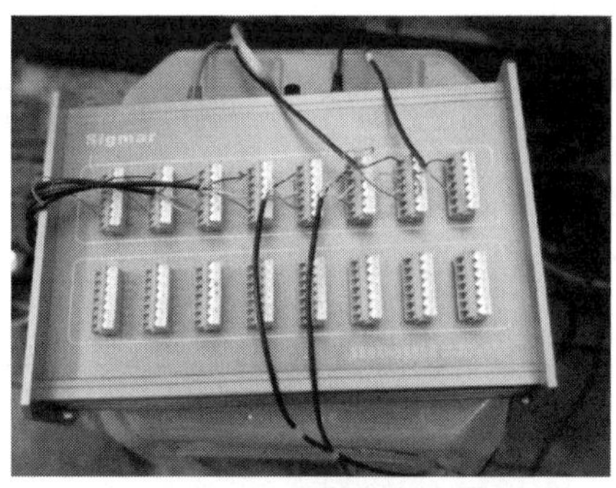

(b) ASMD3-16动态应变仪

(c) DMHZ型荷载传感器

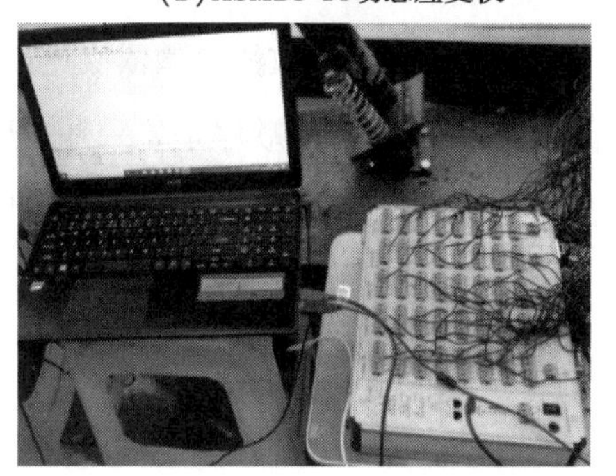

(d) JM5951型静态应变测试系统

图 3.11　测试仪器和数据收集

表 3.5　岩石物理力学参数

岩层	容重 $\gamma/(\mathrm{N\cdot m^{-3}})$	弹性模量 E/MPa	厚度 h/m	岩层倾角 $\theta/(°)$	内聚力 C/MPa	内摩擦角 $\varphi/(°)$	抗拉强度 σ_t/MPa
表土	—	—	4.3	—	—	—	—
砂质泥岩	25 310	6 254	40	18	2.52	26.9	4.51
软弱夹层	18 000	1	0.5	18	0.25	16	0.05
泥岩	18 700	5 030	22	18	6.64	20.6	9.24
粉砂岩	27 060	20 751	30	18	21.64	34.4	8.15
砂质泥岩	26 210	6 150	44	18	10.22	28.8	9.15
细粒砂岩	26 430	22 543	12	18	23.28	38.9	9.85
泥岩	19 600	5 930	46	18	7.31	22.5	7.41
砂质泥岩	26 210	6 150	10.4	18	10.22	28.8	9.15
外连煤层	14 670	1 510	1.3	18	1.51	15.5	2.09

续表

岩层	容重 $\gamma/(\mathrm{N \cdot m^{-3}})$	弹性模量 E/MPa	厚度 h/m	岩层倾角 $\theta/(°)$	内聚力 C/MPa	内摩擦角 $\varphi/(°)$	抗拉强度 σ_t/MPa
砂质泥岩	25 670	6 120	5	18	10.43	26.5	7.95
内连煤层	17 310	1 620	1.35	18	1.69	16.4	1.69

采动顺层岩质滑坡区域的1112及以下工作面(1114工作面和1116工作面)矿体均已经采空,因此,数值模型依次逆坡上行开采1116工作面、1114工作面和1112工作面,煤层间的开采顺序是先采外连煤层后采内连煤层,外连、内连煤层顶板管理为全部陷落法,观测开采对地表顺层岩质斜坡的变形、破坏影响。

(1)数值模型建立

根据矿区地质及开采技术条件,构建滑坡区域的数值模型,如图3.12所示。该数值模型水平长600 m,最大高度442 m,最低高度200 m,岩层倾角18°,分别开采外连、内连煤层。

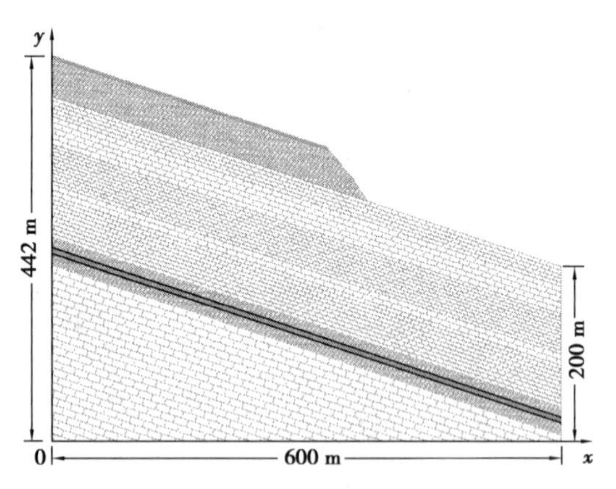

图3.12　数值模型

在UDEC建模中,煤岩体破坏准则采用莫尔-库仑模型,节理材料模型采用节理面接触库仑滑移节理模型,节理面物理力学参数如表3.6所示。

表 3.6 模型岩层节理面物理力学参数

节理面	法向刚度 K_n/GPa	剪切刚度 K_s/GPa	摩擦角 φ/(°)	内聚力 C/MPa	抗拉强度 σ_t/MPa
表土	1.1	0.6	17	0.08	0.004
砂质泥岩	2.5	1.3	19	0.1	0.06
软弱夹层	0.92	0.43	16	0.005	0
泥岩	3.2	1.1	20	1.2	0.3
粉砂岩	15.86	11.21	25	0.9	1.2
砂质泥岩	4.2	2.1	21	0.8	0.5
细粒砂岩	20.21	12.35	24	1.3	1.2
泥岩	3.5	1.1	21	1.4	0.3
砂质泥岩	4.2	2.1	21	0.8	0.5
外连煤层	1.5	0.8	17	0.75	0.35
砂质泥岩	4.8	3.1	24	1.5	0.8
内连煤层	1.5	0.8	17	0.75	0.35

(2)数值模拟结果及分析

为达到对比印证相似模拟试验结果和获得软弱夹层下沉变形量两个目的,现分别从坡体变形破坏现象和软弱夹层下沉变形两个方面分析如下。

①坡体变形破坏现象。

逆坡依次开采外连煤层的3个区段形成采空区后,采空区上覆岩层破坏区呈等间距"八"字形状逆坡方向发展规律,在每个区段停采边界上均形成塑性破坏区,且向地表延伸。出于岩层顺层倾斜的原因,每个区段的上停采边界处直接顶发生断裂,表现为断裂破坏,靠近下停采边界区域直接顶形成悬臂弯曲,表现为塑性破坏,如图3.13(a)所示。1112工作面外连煤层采空后,塑性破坏区已经向上发展至斜坡坡体内,软弱夹层受采动弯曲下沉影响,由于强度低发生了塑性变形和拉伸破坏,如图3.13(b)所示。地下采空引起地表斜坡体出现多处裂隙,其中有两处上开口裂隙最为明显,且均垂直延伸至软弱夹层,如图3.13(c)所示,图中标注为裂隙1和裂隙2,经测量裂隙2到坡脚的距离为103.8 m,与该采动范围诱发的采动顺层岩质滑坡滑体长 114 m 相近,图中的明显裂隙已用粗线描绘,以便观察裂隙在坡体中的发育趋势。

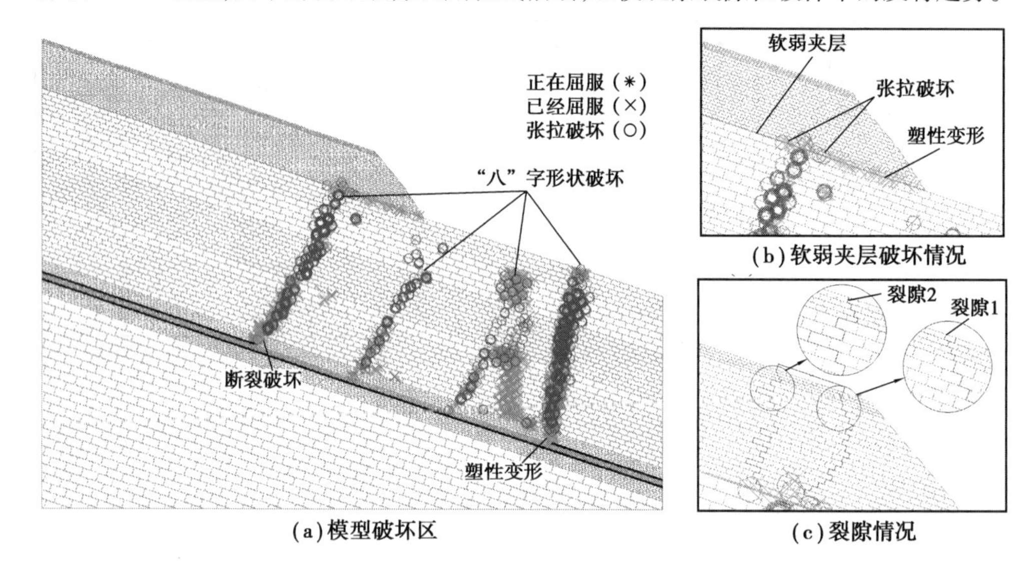

(a)模型破坏区　(b)软弱夹层破坏情况　(c)裂隙情况

图 3.13　外连煤层采完模型破坏区图

逆坡依次开采外连煤层的 3 个区段形成采空区后,采空区上覆岩层向采空区卸荷,产生下沉位移,如图 3.14(a)所示,该位移云图基本呈对称状分布,特别是老顶至地表均表现为中间位移大,两侧下沉位移逐渐减小的趋势。由于停采上边界直接顶断裂,停采下边界直接顶悬臂弯曲,使除停采下边界附近区域直接顶外的其他直接顶均呈现同样大的下沉位移。从软弱夹层上层面法向位移可知,如图 3.14(b)所示,该法向位移曲线呈"半盆"状分布,在采动影响范围内呈递增趋势,增至一稳定值(1.26 m)后,就不再递增,直至坡脚。从临近软弱夹层的下部测线法向位移可知,如图 3.14(c)所示,该位移曲线与软弱夹层层面法向位移曲线趋势相近,稳定值(1.25 m)比软弱夹层上层面的稍小,表明受采动影响斜坡坡体有沿软弱夹层滑移的现象。

逆坡依次开采内连煤层的 3 个区段形成采空区后,受重复采动影响,采空区上覆岩层破坏更为严重,其破坏区等间距"八"字形状逆坡方向发展规律基本不变,但破坏程度明显加重,且破坏范围进一步向上延伸,发展至地表或顺层坡体中部。内连开采结束后,同样由于岩层顺层倾斜的原因,每个区段的上停采边界处直接顶发生断裂,表现为断裂破坏,靠近下停采边界区域直接顶形成悬臂弯曲,表现为塑性破坏,如图 3.15(a)所示。内连煤层采空后,1112 工作面停采上边界塑性破坏区已经向上发展至斜坡坡体中部，软弱夹层塑性变形和拉伸破坏范围增大且破坏更为严重，如图3.15(b)所示。顺层岩质斜坡坡体中裂隙数量及程度更加发育，可见重复采动使坡体损伤加重，裂隙1和裂隙2均在坡体中下部沿竖直方向发育了明显裂隙分支，且裂隙宽度增大，特别是裂隙1的宽度明显变大，表明重复采动后裂隙1以下坡体有下滑趋势，如图3.15(c)所示，图中的明显裂隙已用粗线描绘，以便观察裂隙在坡体中的发育趋势。

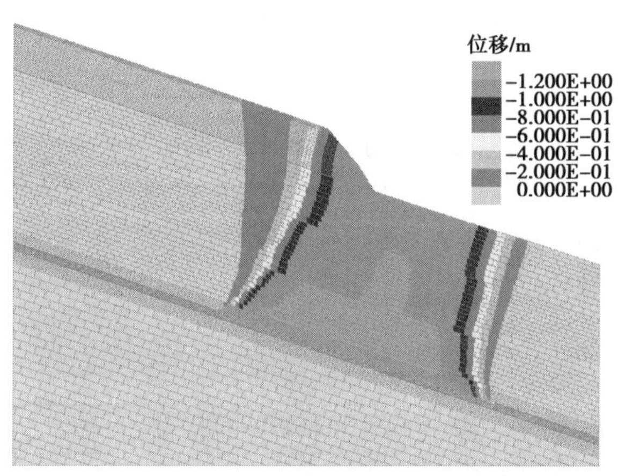

(a) y方向位移云图

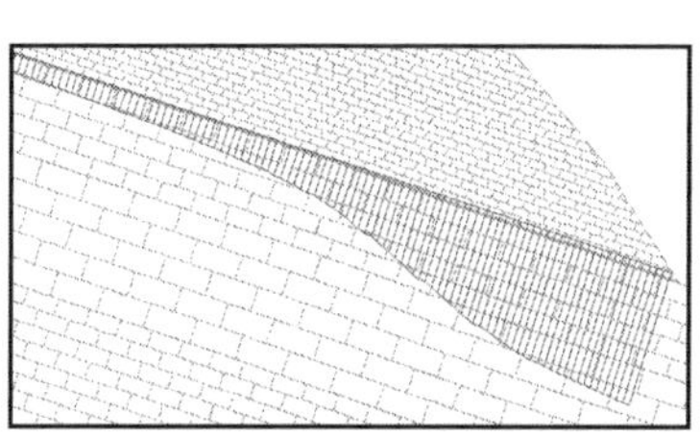

(b)软弱夹层上层面法向位移

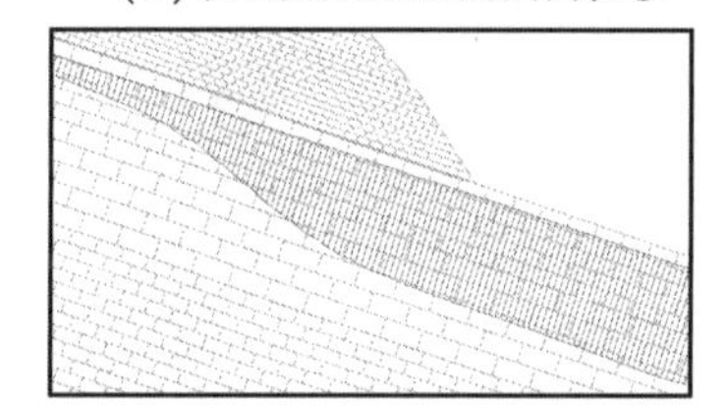

(c)软弱夹层下部测线法向位移

图3.14　外连煤层采完模型位移云图

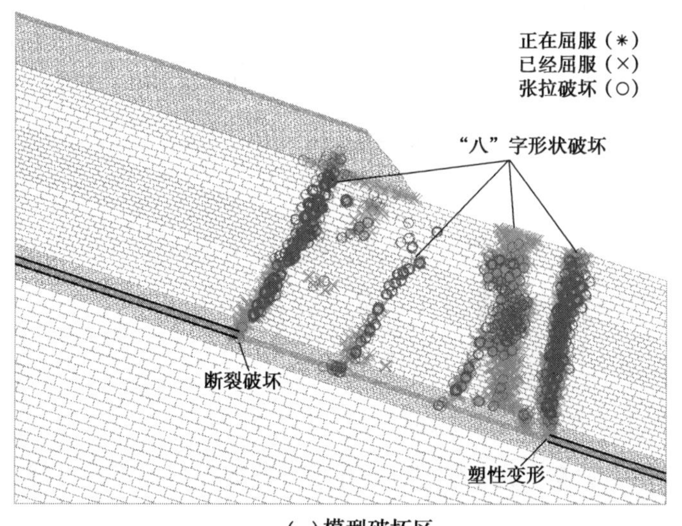

(a)模型破坏区

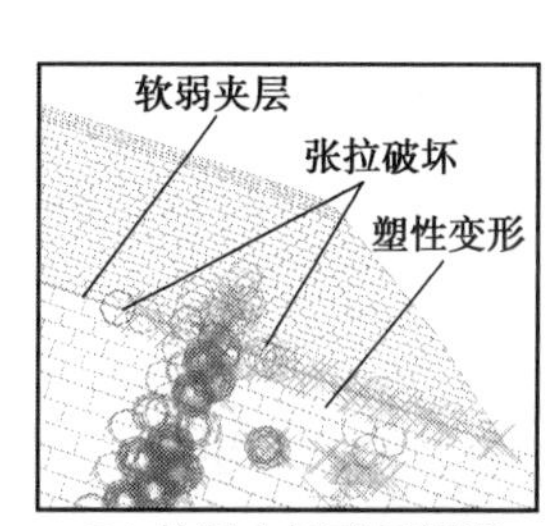

(b)软弱夹层破坏情况

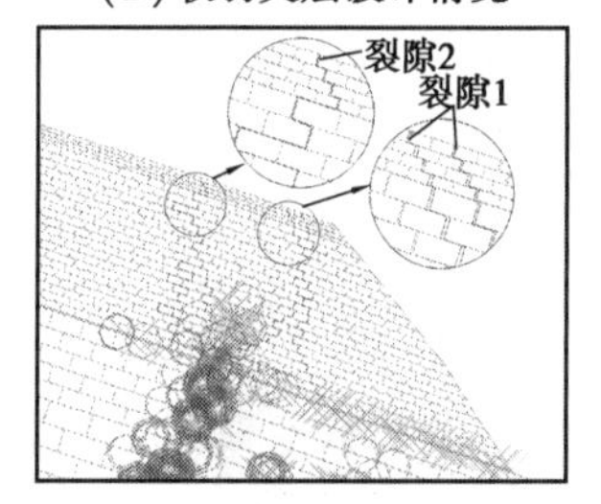

(c)裂隙情况

图3.15　内连煤层采完模型破坏区图

逆坡依次开采内连煤层的 3 个区段形成采空区后，采空区上覆岩层向采空区卸荷，产生下沉位移，如图 3.16(a)所示，该位移云图基本呈对称状分布，特别是老顶至地表均表现为中间位移大，两侧下沉位移逐渐减小的趋势。由于停采上边界直接顶断裂，停采下边界直接顶悬臂弯曲，使除停采下边界附近区域直接顶外的其他直接顶均呈现同样大的下沉位移。从软弱夹层上层面法向位移可知，如图 3.16(b)所示，该法向位移曲线呈“半盆”状分布，采动影响范围内呈递增趋势，增至一稳定值(2.32 m)后，就不再递增，直至坡脚。从临近软弱夹层的下部测线法向位移可知，如图 3.16(c)所示，该位移曲线与软弱夹层层面法向位移曲线趋势相近，稳定值(2.31 m)比软弱夹层上层面的稍小，表明受采动影响斜坡坡体有沿软弱夹层滑移的现象。

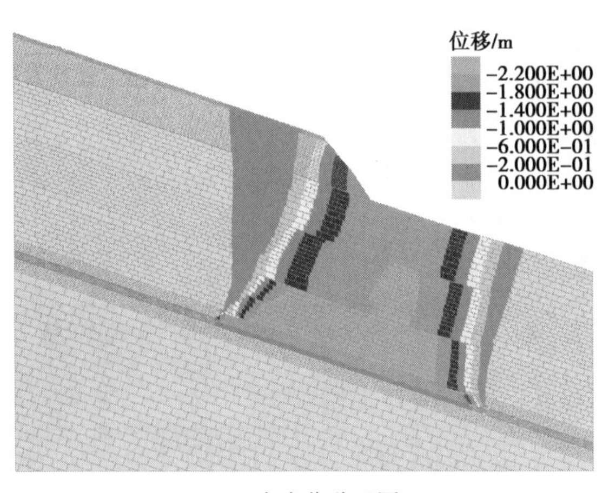

(a) y 方向位移云图

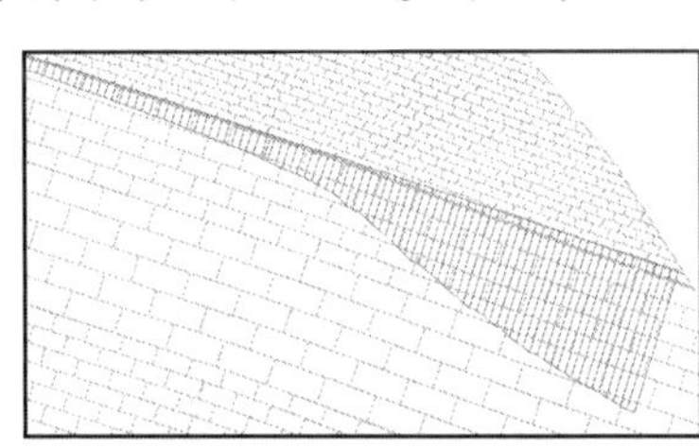

(b) 软弱夹层层面法向位移

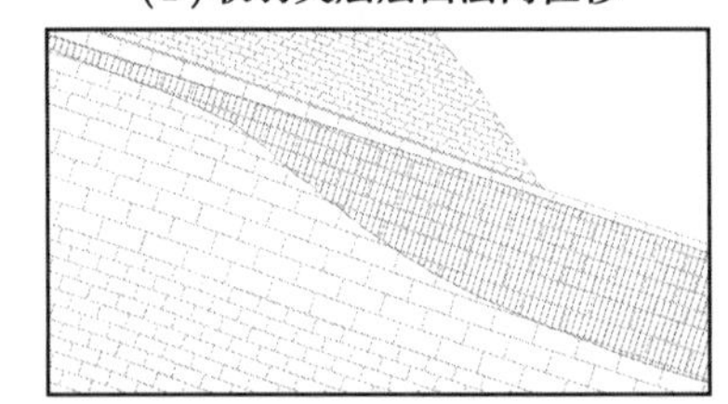

(c) 软弱夹层下部测线法向位移

图 3.16　内连煤层采完模型位移云图

②软弱夹层下沉变形。

经数值模拟计算，逆坡开采外连、内连煤层后，软弱夹层的下沉曲线，即 y 方向的下沉位移曲线，如图 3.17 所示。该下沉曲线是从软弱夹层开始明显下沉变形到下沉变形稳定的 190 m 长的区域。用该软弱夹层下沉曲线作为该矿采动顺层岩质滑坡相似模拟试验中，高度调节装置的下沉调节量参数。

利用数值模拟分析获得的该原型外连、内连煤层开采后软弱夹层的下沉曲线，如图 3.17 所示，作为相似试验中高度调节装置对应的下沉调节量。经几何相似后，对应得到 40 个高度调节装置的下调量，其中高度调节装置分为前、后两排，每排 20

个,前排从坡顶到坡脚按单数编号(即1,3,5,7,9,…,39),如图3.9所示,后排从坡顶到坡脚按双数编号(即2,4,6,8,…,40),处于同一列前后排的2个高度调节装置控制着坡体同一断面的下沉值,如表3.7所示。下调时,利用游标卡尺精确控制每一列2个高度调节装置的下沉量。

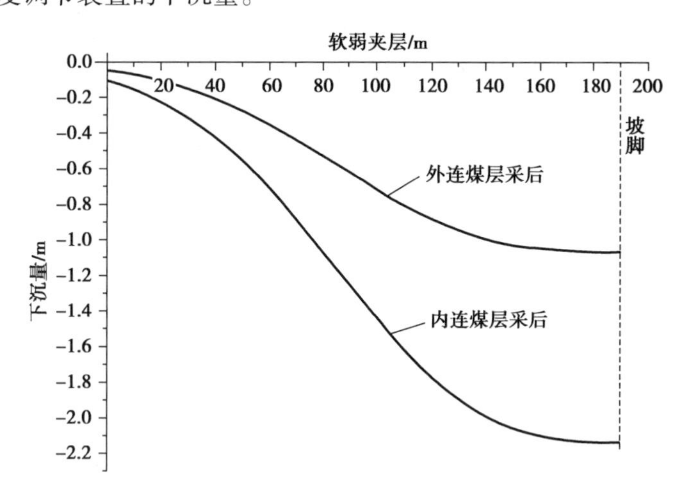

图3.17　外连、内连煤层采后软弱夹层下沉曲线

表3.7　外连、内连煤层开采高度调节装置下调量

高度调节装置编号	高度调节装置编号	外连煤层采后下调量/mm	内连煤层采后下调量/mm
1	2	-0.5	-0.6
3	4	-0.8	-0.9
5	6	-1.3	-1.4
7	8	-1.9	-1.9
9	10	-2.8	-2.8
11	12	-3.9	-3.8
13	14	-5.2	-5.0
15	16	-6.7	-6.3
17	18	-8.2	-7.6
19	20	-9.5	-8.9
21	22	-10.6	-10.1
23	24	-11.5	-11.1
25	26	-12.1	-11.7
27	28	-12.3	-12.1

续表

高度调节装置编号	高度调节装置编号	外连煤层采后下调量/mm	内连煤层采后下调量/mm
29	30	-12.5	-12.4
31	32	-12.5	-12.5
33	34	-12.6	-12.6
35	36	-12.6	-12.6
37	38	-12.6	-12.6
39	40	-12.6	-12.6

3.4 试验结果及分析

3.4.1 变形破坏现象

(1)外连煤层开采

从坡脚(第39/40号高度调节装置)开始下调高度调节装置,模拟外连煤层逆坡开采,且一次性采全高的岩层变形,可见高强胶板和坡体之间发生明显离层现象,坡体产生悬臂效应,直至下调至第31/32号高度调节装置,如图3.18(a)所示。继续下调高度调节装置,至第29/30号高度调节装置下调时,斜坡坡面岩体达到抗拉强度极限,发生拉伸破坏,产生裂缝(以下称裂缝A),裂缝A贯穿整个坡体,延伸至软弱夹层(高强胶板),裂缝A处于第25/26号与27/28号调高度调节装置之间的位置,裂缝A宽度从坡面向下部递减,坡面处最大宽度约为1.5 cm,如图3.18(b)所示。同时,坡体倾倒在软弱夹层(高强胶板)上,离层现象基本消失。下调高度调节装置至第23/24号高度调节装置时,高强胶板和坡体之间继续产生离层现象,且从裂缝A中下部产生一条明显分支裂隙,延伸至软弱夹层(高强胶板)。裂缝A最大宽度变窄,其宽度约为 1 cm,如图 3.18(c)所示。继续下调高度调节装置,至第 21/22 号高度调节装置下调时,斜坡中上部坡面岩体达到抗拉强度极限,发生拉伸破坏,产生裂缝(以下称裂缝 B),裂缝 B 贯穿整个坡体,延伸至软弱夹层(高强胶板),裂缝 B 位于第 17/18 号与 19/20 号调高度调节装置之间的位置,裂缝 B 宽度从坡面向下部递减,坡面处最大宽度约为 0.6 cm,同时,裂缝 A 最大宽度继续变窄,其宽度约为 0.2 cm,如图 3.18(d)所示。下调高度调节装置至第 11/12 号时,从裂缝 B 中上部产生一条明显分支裂隙,延伸至高强胶板第 11/12 号调高度调节装置处。同时,裂缝 B 最大宽度变窄,其宽度约为 0.2 cm,且受分支裂隙影响,裂缝 B 中下部裂隙也变窄为不明显裂纹,如图 3.18(e)所示。坡体与高强胶板之间的离层现象消失。外连煤层开采结束,斜坡坡体稳定后,裂缝 B 及其分支裂隙都变窄为不明显裂纹,如图 3.18(f)所示。

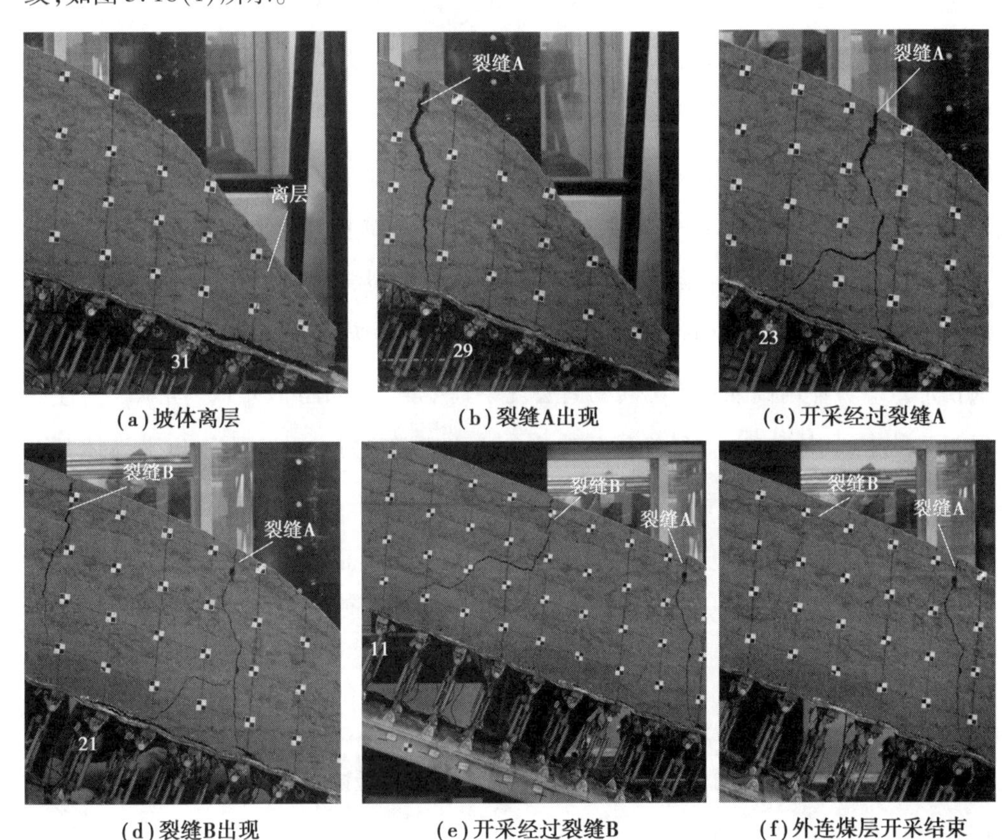

(a)坡体离层　(b)裂缝A出现　(c)开采经过裂缝A

(d)裂缝B出现　(e)开采经过裂缝B　(f)外连煤层开采结束

图 3.18　外连煤层开采

(2)内连煤层开采

外连煤层开采稳定后,开始开采其下部的内连煤层,属矿山重复开采情况。从坡脚开始下调高度调节装置,模拟一次性采全高的岩层变形,可见高强胶板和坡体之间仍然产生明显离层现象,坡体产生悬臂效应,直至下调至第31/32号高度调节装置,如图3.19(a)所示。继续下调高度调节装置,至第29/30号高度调节装置下调时,裂缝A明显变宽,其坡面处最大宽度约为2 cm,明显大于外连煤层开采时裂缝A的宽度,如图3.19(b)所示。同时,坡体倾倒在高强胶板上,其之间的离层现象基本消失。下调高度调节装置至裂缝A下的第25/26号高度调节装置时,裂缝A最大宽度变窄,其宽度约为0.3 cm,同时,裂缝B和裂缝A中下部分支裂隙变宽,其最大宽度约为0.2 cm,如图3.19(c)所示。继续下调高度调节装置至第21/22号,裂缝B最大宽度继续增加,其宽度约为0.3 cm,同时,裂缝A最大宽度继续减小,其最大宽度约为0.2 cm,如图3.19(d)所示。第21/22号到第27/28号高度调节装置(裂缝A处)之间坡体与高强胶板产生离层现象。开采经过裂缝B,即高度调节装置下调至第15/16号时,裂缝B最大宽度继续增加,特别是其中下部裂缝宽度增加明显,同时,裂缝A最大宽度继续减小,特别是其分支裂缝成裂纹显现。裂缝A与裂缝B之间坡体发育多处裂纹,沿岩层层理发育裂纹较为明显,可见重复采动使坡体损伤加重。坡体与高强胶板之间的离层现象基本消失,如图3.19(e)所示。内连煤层开采结束,坡体稳定后,裂缝B及其分支裂隙都变窄为不明显裂纹,断裂坡体没有发生滑移现象。由于地下开采,地表斜坡出现两处近平行的明显裂缝,以及一些分支裂纹,坡体前部被裂缝A切割,将裂缝A以下至临空面的坡体称为坡体A,而坡体中部被裂缝B切割,称裂缝A和裂缝B之间的坡体为坡体B,如图3.19(f)所示。

(3)裂缝渗水

将裂缝A、B前后两侧,以及坡体A、B与高强胶板之间用黄油封闭,如图3.20所示,模拟地表降水对斜坡稳定性的影响。

从坡面裂缝A和裂缝B处,同时均匀灌水,模拟地表降雨,当水充分湿润坡体,且从坡脚流出后不久,坡体 A 开始沿软弱夹层(高强胶板)整体滑移,发生滑坡现象,如图 3.21(a)所示。继续对裂缝 B 均匀灌水数秒后,因坡体 B 中裂隙较发育,水在坡体 B 中运移,降低岩体的物理力学性质,且坡体 B 又失去了坡体 A 的锁固作用,导致坡体 B 岩体在坡体 A 滑坡之后发生崩滑,如图 3.21(b)所示。

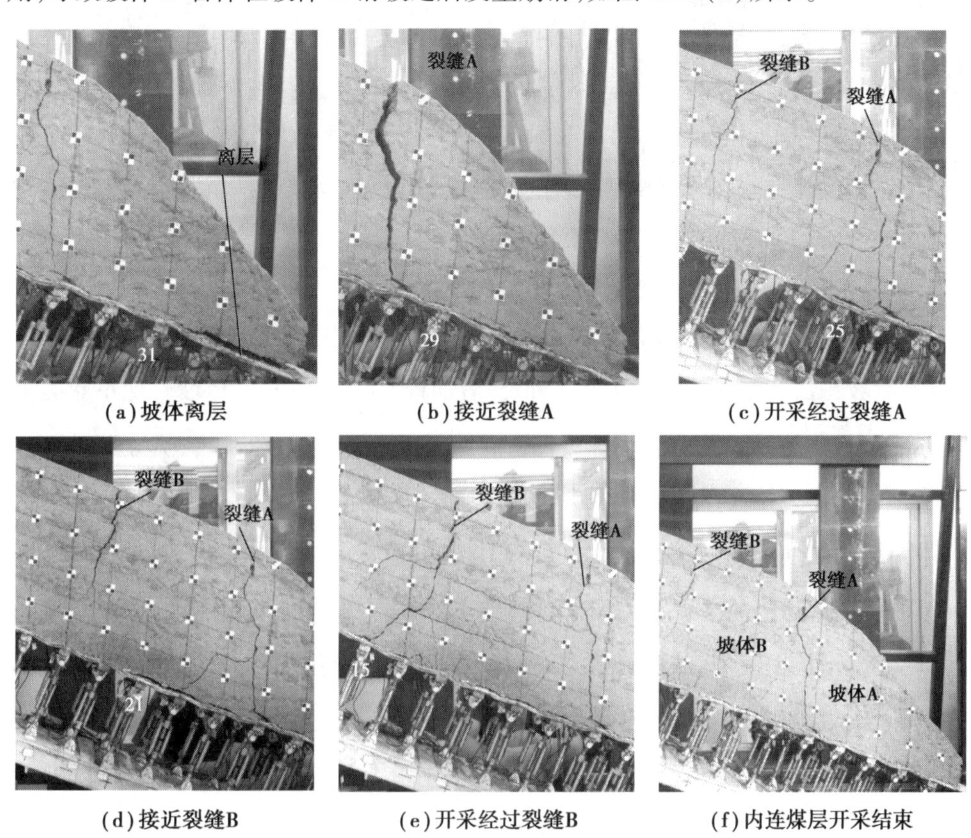

图 3.19　内连煤层开采

图 3.20　相似模型裂缝渗水试验

(a)坡体A失稳

(b)坡体B失稳

图 3.21　坡体 A 和坡体 B 崩滑

该相似模型在采动影响下呈悬臂—断裂破坏模式,模型坡体变形破坏失稳现象与原型滑坡特征基本一致,为初期牵引式、后期推移式顺层岩质滑坡。地下重复开采影响下,坡面形成 2 条竖向张拉裂缝,且裂缝自坡面向深部发展,贯穿至软弱夹层,在地表水由张拉裂缝进入软弱夹层后,使软弱夹层性质弱化,强度降低。随着时间的推移,滑坡演化不断推进,软弱夹层弱化区域也逐渐向前端扩展,采动影响 2 年后的雨季,前部坡体 A 在后部坡体 B 向前挤压和软弱夹层强度削弱的情况下,其抗滑力不足以抵抗下滑力,从而沿着滑动面(软弱夹层)滑移,随后坡体 B 失去了坡体 A 的锁固作用,随即也发生崩滑。

该相似模拟试验尝试同时在裂缝 A 和裂缝 B 中均匀灌水,模拟地表降水,从而削弱软弱夹层的力学强度,由于地表降雨系统还未研究成熟,故没有严格按照降水时间和降水强度相似常数进行模拟,坡体滑移时间和滑面削弱程度不能跟原型滑坡绝对相似,但模拟地表降水后产生的滑坡演化过程与采动顺层岩质滑坡的原型相符。

3.4.2　下沉移动分析

在 MATLAB 平台上,利用数字散斑技术处理相关图像[153-157],得到相似模型上 65 个位移观测点的坐标,从而计算出各观测点的垂直位移。外连、内连煤层采后,4

条位移观测线的下沉移动曲线,如图 3.22 所示。

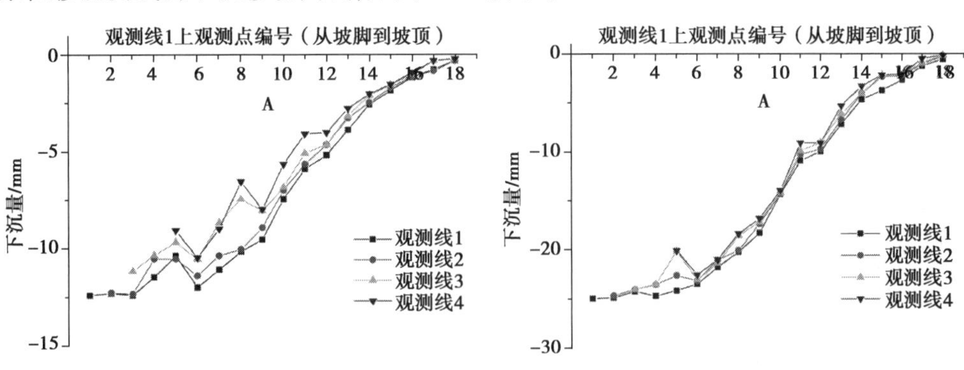

图 3.22 观测线下沉曲线

由图 3.22(a)可知,外连煤层开采后,4 条观测线的下沉曲线变化趋势相近,曲线整体均呈现“S”形。除裂缝旁个别观测点外,随着各观测线距离潜在滑面(高强胶板)法向距离的增加,其沿同一铅垂方向下沉量逐渐衰减,即同一横坐标(同一铅垂方向)上,下沉量(纵坐标)按观测线 4、观测线 3、观测线 2、观测线 1 依次递减。这是由于潜在滑面(高强胶板)的变形响应在向其上覆岩层传递过程中,随埋深减小在不断折减。从下沉曲线可知,在观测点 5 和观测点 8 对应的铅垂线上,即裂缝 A 和裂缝 B 附近,下沉值发生明显波动,特别是靠近坡体表面的观测线 4 和观测线 3 这一波动更大。这一现象表明,地下采动影响下产生的地表裂缝,会引起下沉曲线的分布形态发生改变,呈现出非连续性下沉移动的特性,且越靠近坡面,裂缝宽度越大,这种现象越明显。由图 3.22(b)可知,内连煤层开采后,4 条观测线的下沉曲线变化趋势更加接近,且形态也更加相似。重复开采稳定后,除观测线 3 和观测线 4 上 5 号观测点对应的铅垂线下沉量产生波动外,其余观测点都与同一铅垂方向上的下沉量相近。随着各观测线距离潜在滑面(高强胶板)法向距离的增加,其沿同一铅垂方向下沉量也逐渐衰减,但递减量较外连煤层采后要小,特别是坡体中下部该现象明显。

3.4.3 应力分析

(1)坡体应力变化情况

外连、内连煤层采后,3 条应力观测线(16 个应力观测点)的应力变化情况,如图 3.23 所示。

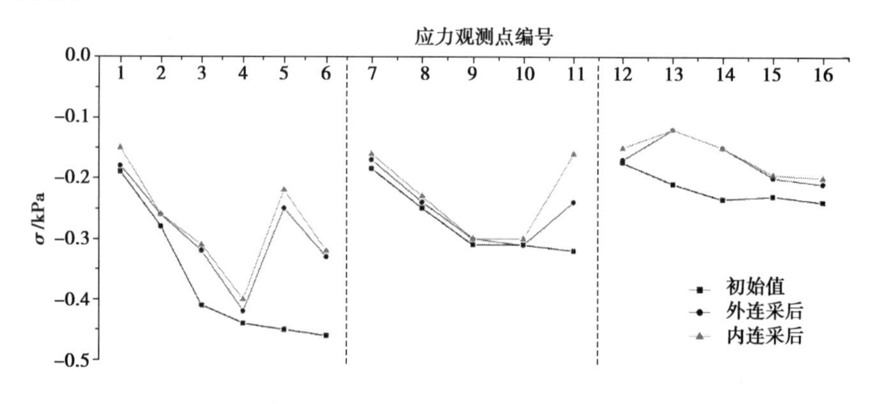

图 3.23 应力观测点应力变化曲线

从图 3.23 可知,坡体下部应力观测线的变形曲线整体趋势相近,都是从坡体中部到坡脚(6 号观测点到 1 号观测点)压应力逐渐减小。外连、内连煤层开采应力变化曲线基本一致,由于裂缝 B 的影响,在 5 号、6 号观测点位置产生卸荷作用,故该两处压应力发生较大幅度减小。坡体中部应力观测线的变形曲线整体趋势相近,从坡体中部到坡脚(11 号观测点到 7 号观测点)压应力逐渐减小。外连、内连煤层开采应力变化曲线基本一致,由于裂缝 B 的影响,在 11 号观测点位置产生卸荷作用,故该处压应力发生较大幅度减小,且重复开采后压应力减小更多。坡体上部应力观测线的变形曲线整体趋势相近,从坡体中部到坡脚(16 号观测点到 12 号观测点)压应力逐渐递减,且减少幅度较小。外连、内连煤层开采应力变化曲线基本一致,由于裂缝 A 的影响,在 13 号观测点位置产生卸荷作用,故该处压应力发生较大幅度减小。

(2)软弱夹层压应力变化情况

模型坡体宽 29.8 cm,在下调高度调节装置时,同一列上的 2 个高度调节装置均为同时调节,但人工调节会产生一定误差,因此,同一列上的前后 2 个荷载传感器压应力会有一定差异,外连、内连煤层采后前、后两排荷载传感器的应力变化曲线,如图 3.24 所示,其中荷载传感器的编号与高度调节装置一一对应,分为前、后两排,前排从坡顶到坡脚按单数编号(即 1,3,5,7,9,…,39),后排从坡顶到坡脚按双数编号(即 2,4,6,8,…,40)。为便于软弱夹层同一断面(同一列)压应力变化比较,图 3.24 中后排荷载传感器取同一列前排荷载传感器编号。

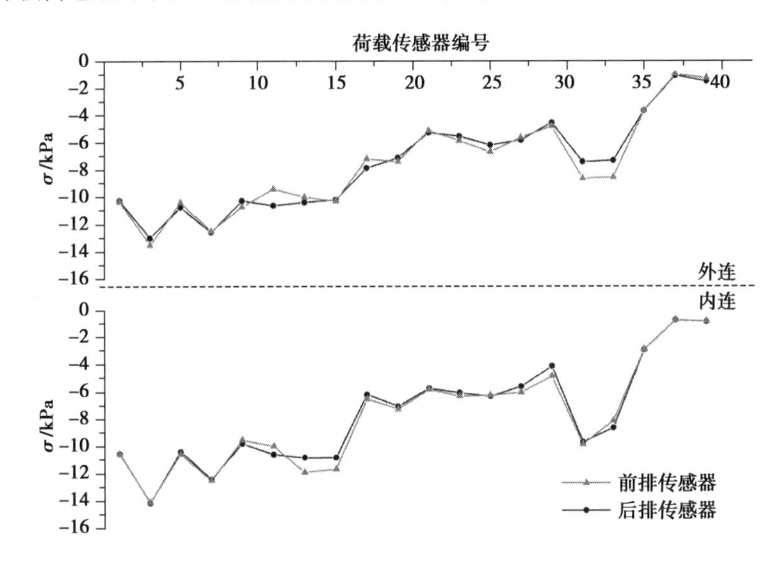

图 3.24　外连、内连煤层采后软弱层应力变化曲线

现比较外连、内连煤层开采后荷载传感器应力变化情况,如图 3.25 所示。

从图 3.25 可以看出,前排应力变化的 3 条曲线整体趋势相近,从坡顶到坡脚压应力呈波动性递减趋势,外连、内连煤层采后的应力变化曲线形状相似,表明相同地质和开采环境下重复开采,对软弱夹层应力响应基本相似。受裂缝 A 和 B 卸荷作用的影响,外连、内连煤层采后的应力变化曲线在 17,19,21,23,25 号观测点位置压应力均产生较大幅度减小,而在 31,33 号观测点位置压应力均产生较大幅度增加。后排与前排荷载传感器 3 条应力变化曲线整体趋势相近,从坡顶到坡脚压应力同样呈波动性递减趋势。受裂缝 A 和 B 卸荷作用的影响,同样,外连、内连煤层采后的应力

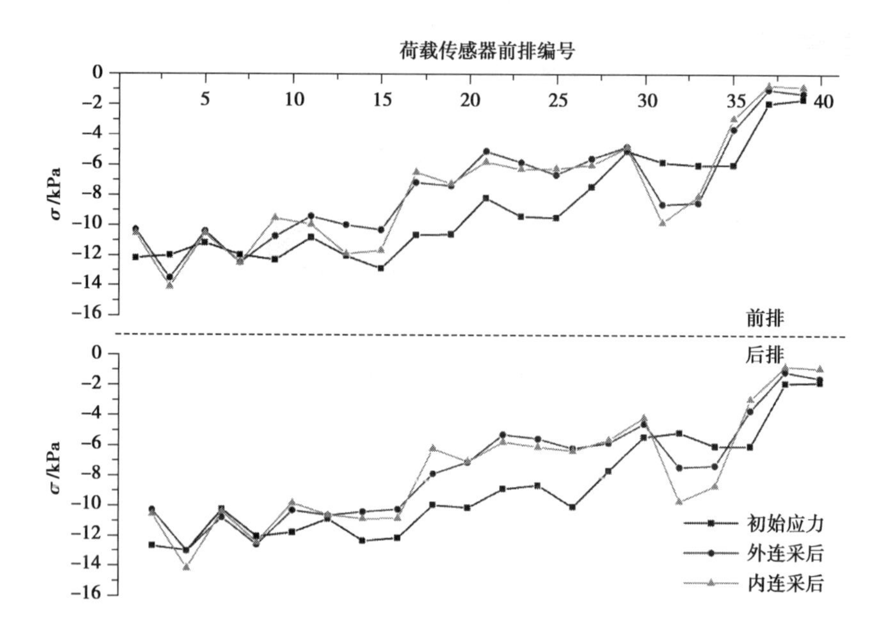

图 3.25　前后排荷载传感器应力变化曲线

变化曲线在 18,20,22,24,26 号观测点位置压应力均产生较大幅度减小,而在 32、34 号观测点位置压应力均产生较大幅度增加。

(3)软弱夹层剪应力变化情况

该试验从坡脚(39/40 号高度调节装置)开始下调高度调节装置直至坡顶(1/2 号高度调节装置),以模拟煤层开采引起的软弱夹层变形。通过端头拉力传感器,测得外连、内连煤层开采过程中,软弱夹层的剪应力变化曲线,如图 3.26 所示。

从图 3.26 可以看出,外连、内连煤层开采过程的两条软弱夹层剪应力变化曲线整体趋势相似,且剪应力均波动性递增。两条曲线整体平行,说明重复开采对软弱夹层不同位置剪应力影响基本相同。外连煤层开采引起软弱夹层下沉调节至 29 号高度调节装置时,裂缝 A 产生,从而导致剪应力呈较大幅度增加。当下调至 11 号高度调节装置时,剪应力达到最大值 1.413 kPa,开采稳定后剪应力稳定在 1.236 kPa。内连煤层开采引起软弱夹层下沉调节至 29 号高度调节装置时,受裂缝 A 影响剪应力呈较大幅度增加。下调 19,17,15 号高度调节装置时,受裂缝 B 影响剪应力呈直线上升,调至 11 号高度调节装置达到最大值 1.837 kPa,开采稳定后剪应力稳定在

1.696 kPa。

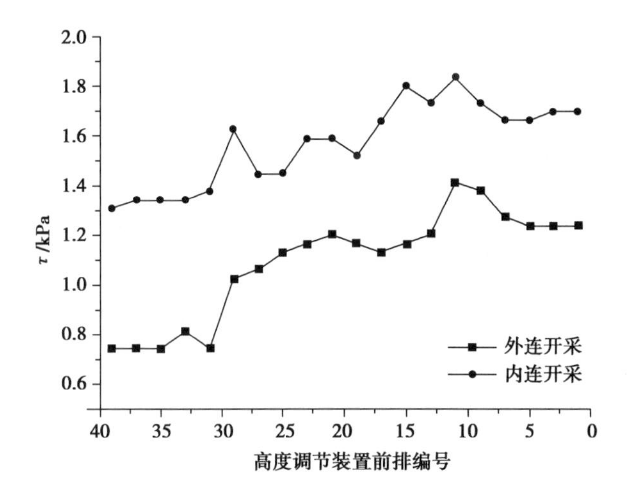

图 3.26 软弱夹层剪应力变化曲线

3.5 小 结

本章采用采动顺层岩质斜坡变滑面相似模拟试验方法和相似模拟试验装置，对某矿区 1112 及以下工作面逆坡上行开采诱发顺层岩质滑坡进行了研究。

①提出了采动顺层岩质斜坡变滑面相似模拟试验方法，该方法是在相似模拟试验中，以高强胶板作为潜在滑面，用高强胶板的变形间接模拟地下开采对顺层斜坡（潜在滑体）的影响。该试验方法只搭建潜在滑面以上的滑体，大大节省了配制和装填基岩、矿层等滑面以下岩层的相似材料用量，且缩短了模型堆建时间，减少了工作量；可对研究关键细部，如滑体，做放大处理；采用开采沉陷预计理论、数值模拟分析或相似条件工程类比法得到地下开挖后滑动面（软弱结构面或软弱夹层）变形数据，特别是对地质构造复杂的岩层，结果比人工开挖相似模型矿层更准确，可操作性更强。

②研制了采动顺层斜坡相似模拟试验装置，并详细阐述了该装置的结构、功能、相似原理、优越性及基本试验步骤。该试验装置能模拟西南山区广泛分布的含软弱

夹层顺层岩质山体,在不同开采程序下的山体的变形破坏及稳定性情况。

③进行了某矿区采动顺层岩质滑坡区域的数值模拟研究,不仅分析了1112及以下工作面逆坡上行开采时顺层岩质斜坡的变形和破坏情况,而且得到软弱夹层的下沉曲线,达到对比验证相似模拟试验结果和提供高强胶板下调参数两个目的。

④以矿区采动顺层岩质滑坡为原型,搭建滑体的相似模型,采用该滑坡区数值模型分析得到的软弱夹层下沉变形曲线,进行了相似模拟试验,模拟该矿外连、内连煤层采动,地表斜坡的变形破坏情况。对相似模型的变形破坏情况、下沉移动情况、软弱夹层压应力剪应力变化情况,以及模型坡体应力变化情况进行了一一分析。试验结果表明,相似模型在采动影响下呈悬臂—断裂破坏模式,试验现象和原型现象基本吻合,相似模拟试验反映了原型在地下采矿影响下的变形、破坏、失稳过程。

⑤在发生采动顺层滑坡之前,没有对滑体进行充分勘测,因此,相似模型与原型情况可能存在一定差异,如坡面的顺层化等。该物理模型采用二维相似模拟装置,忽略了模型宽度的影响。由于试验条件的限制,相似模拟试验中没有充分考虑物理模型受水的影响,对实际中复杂岩体结构和环境条件,有待进一步深入研究。

4

采动顺层岩质斜坡变形破坏的形成机理

4.1　变形破坏的形成及模式

4.1.1　变形破坏的形成

地下采矿形成采空区,采空区上覆岩层在纵向上的运动一般是:在重力作用下弯曲沉降→发生离层后在运动中重新组合成同时运动(或近乎同时运动)的"假塑性"传递岩梁→沉降值超过允许限度→发生垮落[158]。为了弄清楚采动顺层岩质斜坡岩层纵向运动的发展过程,必须研究斜坡岩层离层在什么情况下发生,斜坡岩层什么时候开始运动等问题。

在临空外倾含软弱夹层的顺层岩质斜坡之下,逆坡(上行)开采地下矿层后,采空区上覆岩层的运动是由下而上、由内及外、由里及表的发展过程。在矿山压力与岩层控制研究中,采空区上覆岩层运动与发展的基本规律研究成果众多,可以用于分析地下岩层的运动和发展,而地表临空外倾的顺层岩质斜坡运动与其邻近岩层的变形破坏息息相关。因此,在纵向上,将采空区上覆岩层分成两个部分进行研究,即采空区直接顶到软弱夹层之间(包括直接顶和软弱夹层)的岩层为一部分,顺层岩质斜坡岩层为另一部分,分别研究这两部分岩层的变形破坏形成。

(1)采空区直接顶到软弱夹层之间岩层

由材料力学可知,单一的均质梁发生弯曲时,在平行中性轴的各平面上产生剪应力,对于组合梁,弯曲时接触面上必然出现剪应力。采空区上覆岩层可视为在均布载荷作用下的多层嵌固梁,如图 4.1(a)所示,为两个高强度岩层夹持低强度岩层组成的嵌固梁,该岩梁弯曲沉降过程中也必然在各层面(或软弱夹层接触面)上出现剪应力。采空区面积越大,即岩梁悬露跨度越大,剪应力也随之增加,当剪应力超过层面(或软弱夹层接触面)上的黏聚力和摩擦力阻力所允许的限度时,层面或软弱夹层的接触面即被剪坏,岩层的离层就发生了。因此,离层发生的力学条件可归纳为:

$$\tau = C + \sigma_n \tan \varphi \tag{4.1}$$

式中 τ——软弱夹层接触面上的剪应力,MPa;

C——接触面的黏聚力,MPa;

σ_n——接触面上的压应力,MPa;

φ——接触面的内摩擦力,(°)。

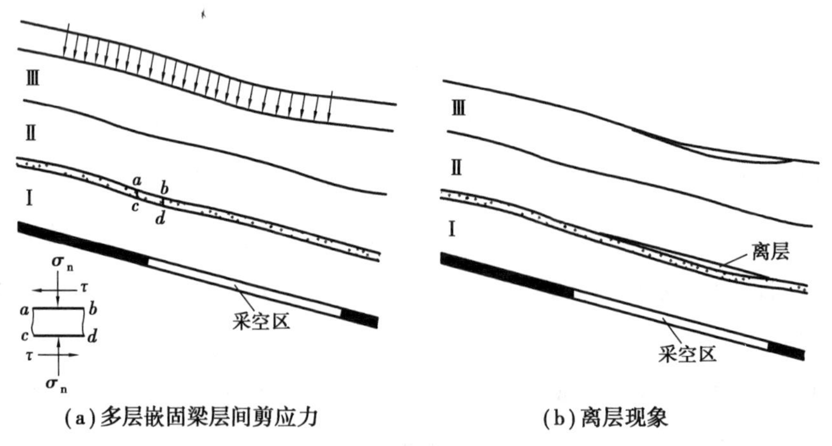

图 4.1　层间剪应力与离层

当软弱夹层上下岩层刚度 EI 相同或上部弯曲刚度小时，$\sigma_n > 0$；相反，当下层弯曲刚度小时，$\sigma_n \leqslant 0$。岩层弯曲刚度不同时，如图 4.1(b)所示，如果岩层 I 的弯曲刚度比岩层Ⅱ、Ⅲ小得多，在软弱夹层上不仅存在剪应力的作用，同时还受到纵向拉应力的作用。当软弱夹层强度不高、接触面黏聚力不大时，离层在软弱夹层上发生。离层的出现取决于组合岩梁中岩层的弯曲刚度和软弱夹层的强度。当软弱夹层下部的岩层弯曲刚度小，软弱夹层强度低时，离层在下部岩层发生。

受地下采煤工作面推进的影响，各岩层悬露时间、悬露跨度和所受外载是不相同的。一般来说，最下部的岩层先悬露，且各岩层的悬露跨度由下往上依次减小。研究结果表明[158,159]，如果下部岩层端部断裂前悬露跨度为 L_1，则上部岩层的反弯点将由两端向采煤工作面方向移动，约从 $0.1L_1$ 处开始，其实际悬露跨度 L_2 将比下部岩层小 20%，即 $L_2 < L_1$。由于岩梁的悬露跨度由下而上依次减小，而剪应力大小又与岩梁悬露跨度成比例，因此，剪应力大小也是由下而上递减的，由此可见，若各岩层的岩性、厚度均相同，各接触弱面的抗剪强度也相同，按式(4.1)判断，离层将从下开始往上逐步发展，所以岩层纵向运动的基本趋势是由下而上发展的。

对于相邻的两岩层，是同时运动组成，还是分开运动，可以用岩层沉降中最大曲率(ρ_{max})和最大挠度(w_{max})进行判断。当 $\rho_{max上} \geqslant \rho_{max下}$ 或 $w_{max上} \geqslant w_{max下}$ 时，两岩层组合同时运动。当 $\rho_{max上} < \rho_{max下}$ 或 $w_{max上} < w_{max下}$ 时，两岩层将分开运动。

由材料力学得知：固定梁弯曲时，最大曲率 $\rho_{max} = \dfrac{\gamma L^2}{2Eh^2}$，最大挠度 $w_{max} = \dfrac{\gamma L^4}{32Eh^2}$；简支梁弯曲时，最大曲率 $\rho_{max} = \dfrac{3\gamma L^2}{2Eh^2}$，最大挠度 $w_{max} = \dfrac{5\gamma L^4}{32Eh^2}$。显然，任何支承条件下，梁的最大曲率和挠度都可表示为 $\rho_{max} = \alpha\dfrac{\gamma L^2}{2Eh^2}$，$w_{max} = \beta\dfrac{\gamma L^4}{32Eh^2}$，其中 α、β 为由梁支承条件决定的系数。当岩梁的支承条件一定时，其曲率和挠度与岩梁的跨度 L、厚度 h 及弹性模量 E 有关。其中跨度 L 的影响最大，厚度 h 的影响次之，弹性模量 E 的影响相对较小。

两岩层在外载(上部岩重)作用下的运动组合分析。两岩层的悬露跨度相同，即

$$L_{上} = L_{下} = L \tag{4.2}$$

此时,两岩层是组成一个岩梁同时运动,还是形成两个岩梁分开运动,主要由弹性模量 E 和岩层厚度 h 决定。当 $E_{下} h_{下}^2 > E_{上} h_{上}^2$ 时,上下两岩层同时运动。当 $E_{下} h_{下}^2 < E_{上} h_{上}^2$ 时,上下两岩层分开运动且下部岩层先运动。

两岩层在自重作用下的弯曲沉降分析。两岩层在自重作用下弯曲时,如图 4.2 所示,由于 $L_{下} > L_{上}$,下岩层的跨度和弯矩先于上岩层达到极限。上下两岩层同时组合运动的临界条件为

$$E_{下} h_{下}^2 \geqslant \left(\frac{L_{下}}{L_{上}}\right)^4 E_{上} h_{上}^2 \tag{4.3}$$

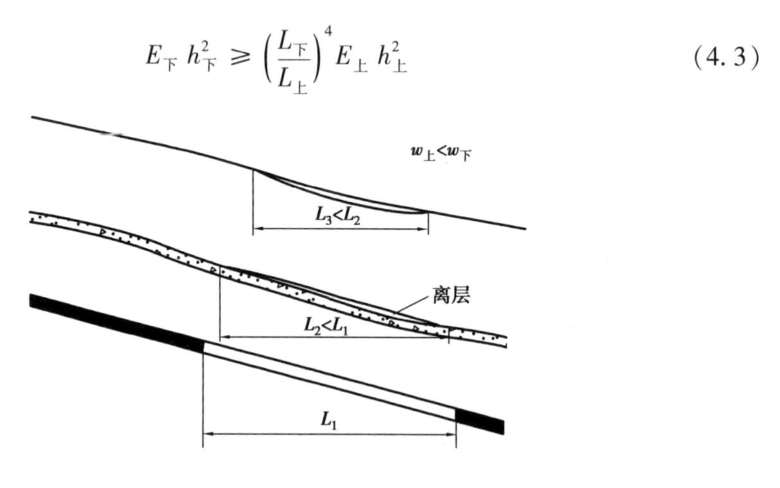

图 4.2　岩层分开运动

否则,两岩层将分开运动。

即使 $h_{上} = h_{下}$ 和 $E_{上} = E_{下}$,但随采煤工作面的推进,下部岩层将先达到极限弯矩,满足 $w_{上} < w_{下}$ 的条件,因此必然先行破坏,两岩层分别依次运动。上岩层强度越高($E_{上}$ 越大)、厚度 $h_{上}$ 越大,显著运动滞后的时间越长。

综上所述,采空区上覆岩层纵向运动是由下而上逐步发展的趋势。随着采煤工作面的推进,岩层悬露达一定跨度,弯曲沉降到一定值后,强度低的软弱夹层在接触面上的剪应力作用下破坏,发生离层,并为下部岩层的自由沉降和运动向上部岩层发展创造了条件。离层后上下岩层的运动组合情况由岩层强度(包括岩性、厚度、裂隙等)差别决定。上部岩层强度较下部岩层越高,下部岩层越先于上部岩层运动,上部岩层运动滞后的时间越长。相反,强度低的上部岩层将随高强度的下部岩层同时运动。岩层厚度 h 较岩性(用弹性模量 E 表示)对岩层的离层和运动组合的影响重要得多。

(2)顺层岩质斜坡岩层

采空区上覆岩层以受均布载荷的嵌固梁结构,由下而上逐步运动,直至软弱夹层,软弱夹层与其下部的岩层产生弯曲下沉变形。逆坡在开采影响下,使顺层岩质斜坡的临空侧部分坡体,位于软弱夹层弯曲下沉区域之上,若斜坡岩体的强度、弹性模量、完整性等参数,比软弱夹层及其下部的岩层大,则斜坡变形不同步,形成“悬臂梁”的结构形态,软弱夹层与斜坡坡体之间产生离层现象,如图4.3(a)所示。随着采空区增大,离层区域也增大,当“悬臂梁”不足以支撑自身重力时,发生悬臂梁式的弯曲折断,即脆性折断,形成明显的上开口裂缝,如图4.3(b)所示。采动顺层岩质斜坡发生断裂破坏后,坡体前端形成独立坡体,当该坡体所受下滑力大于抗滑力时,就会沿软弱夹层向临空方向发生滑坡。

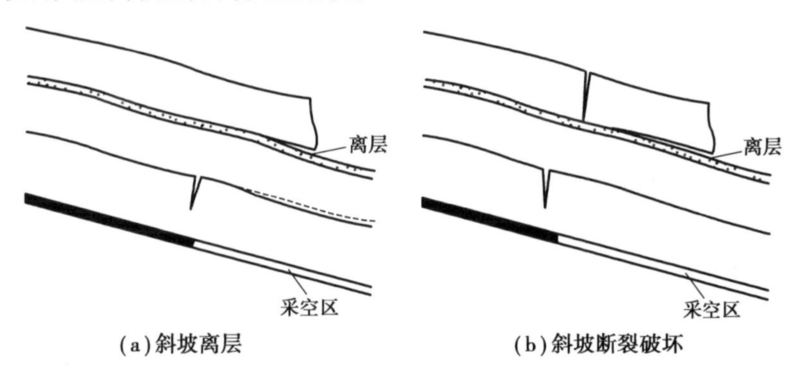

(a)斜坡离层　　(b)斜坡断裂破坏

图4.3　斜坡离层及断裂破坏

采动顺层岩质斜坡的变形破坏形成发展过程:斜坡体与下部岩层分开运动→发生离层(软弱夹层或岩层接触面上)→斜坡体在重力作用下弯曲→斜坡体岩层悬露(离层)超过允许限度→坡面拉裂→斜坡发生断裂破坏→垮落。

4.1.2　变形破坏的模式

经上述研究可知,地下采空后,采空区上覆岩层直至软弱夹层都可视为在均布载荷作用下的多层嵌固梁,这些岩层由下而上单层或多层同时相继运动,软弱夹层发生弯曲下沉后,其上部较高强度临空外倾顺层岩质斜坡可视为悬臂梁,当悬臂梁不能承受自身重力时，斜坡发生弯曲断裂破坏。采动顺层岩质斜坡的变形破坏模式是悬臂—断裂模式。

含软弱夹层的临空外倾顺层岩质斜坡出现断裂破坏，极易诱发坡体失稳滑坡。如表4.1列出相似地形条件下，地下采矿引起地表坡体开裂的情况[160]。

表4.1 高陡临空地形条件下的采动滑坡

地点	灾害类型	山顶距采空区距离/m	山顶开裂深度/m	地层岩性	备注
湖北黄石板岩山	危岩体	200	垂直150	二叠/三叠纪中厚层夹薄层灰岩	煤矿
湖北秭归链子崖	危岩体	148	垂直148 水平94	二叠纪灰岩	煤矿
湖北远安盐池河	崩滑	300	垂直130	震旦纪厚层白云岩	磷矿
重庆巫溪中阳村	崩滑	280	垂直150	二叠纪泥灰岩、二叠纪页岩、铝土岩	煤矿
金沙江向家坝水电站马步坎	危岩	180	垂直180 水平200	三叠系砂岩、粉砂岩、泥岩互层，夹薄煤层	煤矿
重庆武隆鸡冠岭	崩滑堵江	270	垂直120	二叠纪石灰岩	煤矿
冷水江浪石滩	危岩体	170	垂直40	三叠纪粉砂岩、泥岩互层	煤矿
陕韩城坑口电厂	山体滑移	250	垂直55	二叠纪石灰岩	煤矿
贵州盘县朝阳村	危岩体	350	垂直200	二叠/三叠纪石灰岩	煤矿
重庆武隆鸡尾山	崩滑	210	垂直60 水平120~150	二叠纪厚层灰岩夹碳质页岩软弱夹层	铁矿
乌江渡水电站黄崖	危岩体	300	垂直150~200	上部为中厚层灰岩，中下部位碳质页岩夹煤层和硅质灰岩	煤矿

4.2 变形破坏形成机理及概化模型

逆坡(上行)开采地下矿层后,采空区上覆岩层的运动是由下而上、由内及外、由里及表的发展过程。采动顺层岩质斜坡变形破坏形成是外在与内在因素共同作用所致,其演化过程具有明显的阶段性特点,如图4.4所示。大体可分为以下3个阶段。

4.2.1 开采下沉悬臂

对于临空外倾含软弱夹层结构的顺层岩质斜坡而言,地下采矿后,首先是软弱夹层(潜在滑面)及其下部岩层(滑床)的下沉变形,若顺层岩质斜坡(潜在滑体)的强度、弹性模量、完整性等参数高于软弱夹层的下部岩层,则变形不同步而产生离层,软弱夹层发生弯曲下沉后,其上部的斜坡可视为悬臂梁,如图4.4(a)所示。

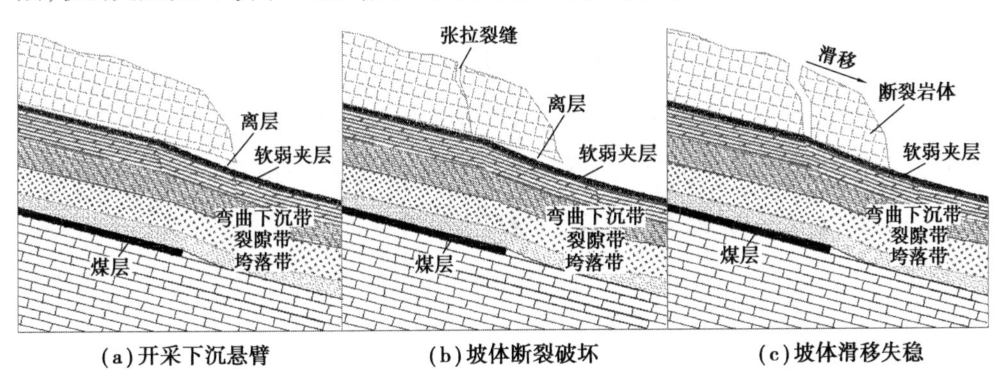

图4.4 采动顺层岩质斜坡变形破坏形成机理

4.2.2 坡体断裂破坏

随着地下开采的不断推进,采动影响区域也持续前移,离层区域逐渐增大,同时斜坡岩体内的拉应力急剧增大,当该“悬臂梁”不足以支撑自身重力,岩体内部拉应力达到其抗拉强度时，岩体发生拉伸破坏，根据 Griffith 微裂纹理论及岩体断裂破坏特征[32,161,162]，岩体形成张开型裂纹，裂纹开始扩展，进而导致岩体断裂，如图 4.4(b)所示。

4.2.3 坡体滑移失稳

断裂岩块倾倒在软弱结构层上，使坡体岩体达到新的平衡状态，张开型裂缝为地表降水向坡体及软弱夹层渗流创造了条件，水不断降低软弱夹层的强度，当断裂岩块所受到的下滑力大于抗滑力时，则岩块产生滑移，最终形成顺层岩质滑坡灾害。如图 4.4(c)所示。

4.3 小　结

本章在地下采空区上覆岩层纵向运动的一般规律基础上，研究了采动顺层岩质斜坡变形破坏的形成以及破坏模式，并由采动顺层岩质斜坡变形破坏发展过程研究了采动顺层岩质斜坡变形破坏机理。为下一章断裂破坏预测模型的研究，奠定了基础。

①逆坡(上行)开采地下矿层后，采空区上覆岩层的运动是由下而上、由内及外、由里及表的发展过程。对于临空外倾含软弱夹层结构的顺层岩质斜坡而言，地下采矿后，首先是软弱夹层(潜在滑面)及其下部岩层(滑床)的下沉变形，若顺层岩质斜坡(潜在滑体)的强度、弹模、完整性等参数高于软弱夹层的下部岩层，则变形不同步而产生离层，软弱夹层发生弯曲下沉后，其上部的斜坡可视为悬臂梁，当悬臂梁不能承受自身重力时，斜坡发生弯曲断裂破坏，随着软弱夹层的强度降低，当断裂岩块所受到的下滑力大于抗滑力时，则岩块产生滑移，最终形成顺层岩质滑坡灾害。

②逆坡开采顺层岩质斜坡的变形破坏形成发展过程：斜坡体与下部岩层分开运动→发生离层(软弱夹层或岩层接触面上)→斜坡体在重力作用下弯曲→斜坡体岩

层悬露（离层）超过允许限度→坡面拉裂→斜坡发生断裂破坏→垮落。

③逆坡开采诱发顺层岩质斜坡变形破坏模式为悬臂—断裂模式。

④采动顺层岩质斜坡变形破坏形成是外在与内在因素共同作用所致，其演化过程可分为开采下沉悬臂、坡体断裂破坏、坡体滑移失稳3个阶段。

5

采动顺层岩质斜坡断裂破坏预测及稳定性分析

逆坡开采是最不利于顺层岩质斜坡稳定的开采程序，为预防地下采矿引起顺层岩质滑坡或崩塌等地质灾害，应建立采动顺层岩质斜坡断裂破坏预测模型，掌握采动后顺层岩质斜坡的力学特征，预测斜坡的裂缝发育情况，分析坡体的稳定性，在斜坡发生断裂的极限长度时，停止离层距离的增加，或采取防治措施，如坡体加固、预留矿柱、充填采空区等。

5.1 采动顺层岩质斜坡断裂破坏预测

5.1.1 几何构型

中国西南山区常见含软弱夹层的顺层岩质坡体，其主要结构类型为层状结构，岩体层状结构主要为坚硬的中厚层状沉积岩中含软弱结构层。该岩体构造特征是接近均一的各向异性体，其变形及强度特征受层面及岩层组合控制，稳定性较差，可能发生的岩土工程问题为不稳定结构体可能产生滑塌，特别是岩层的弯张破坏及软弱岩层的塑性变形。层状岩体的力学分析应考虑各向异性和非均质强度的特点，为简化力学分析，只考虑坡体坚硬岩层与软弱结构层的层间影响，忽略了岩体内部的非均匀强度的弱面影响。这里坚硬岩层是指强度高、节理裂隙不发育、整体性强、自稳能力强的岩层。软弱结构层是指黏结力差、强度低、易风化、有时遇水膨胀、自稳能力差的岩层。软弱结构层包括黏土夹层、泥岩、软质砂岩、断层破碎带、基岩风化面等。可根据《工程岩体分级标准》(GB/T 50218—2014)[163]判断和量化岩石的坚硬程度和岩体完整程度，从而决定岩体基本质量。岩石的坚硬程度分类见表5.1。

表5.1　岩石的坚硬程度分类

坚硬程度	坚硬岩	较硬岩	较软岩	软岩	极软岩
岩石饱和单轴抗压强度/MPa	>60	60～30	30～10	15～5	<5

岩体的完整程度分类见表5.2。

表5.2　岩体的完整程度分类

完整程度	完整	较完整	较破碎	破碎	极破碎
岩体完整性系数	>0.75	0.75～0.55	0.55～0.35	0.35～0.15	<0.15

注：完整性系数为岩体压缩波速度与岩块压缩波速度之比的平方。

在含软弱夹层顺层岩质斜坡下进行地下矿体开采活动，对采空区跨落法处理或者充填不及时，采空区上部覆岩将出现“三带”[164]，同时出现地表沉陷。由于地表坡体软硬互层的特征，上方较为坚硬的岩层位于地表或接近地表，其受力很小且强度高，不易发生断裂，控制着地表坡体的变形，而坚硬岩层下方的软弱结构层与其下部的岩层产生同步变形，因此坚硬岩层和软弱结构层的变形不协调，使得两岩层之间出现离层现象，上方坚硬岩层表现出悬臂的结构形态。此时，离层区域上方的坚硬岩层虽无支撑，但岩体具有一定强度，不易发生折断，坚硬岩层仍能保持稳定，如图5.1所示。随着地下开采的不断推进，采动影响区域也持续前移，离层区域逐渐增大，坚硬岩层临空（或支撑力远小于重力）长度也不断增加，同时，坚硬岩体内的拉应力急剧增大，当坚硬岩体内部拉应力达到其抗拉强度时，岩体发生拉伸破坏，岩体形成张开型裂纹，裂纹开始扩展，进而导致岩体断裂，断裂岩块倾倒在软弱结构层上，使坡体达到新的平衡状态。若断裂岩块所受到的下滑力大于抗滑力，则岩块产生滑移，最终形成顺层岩质滑坡灾害。

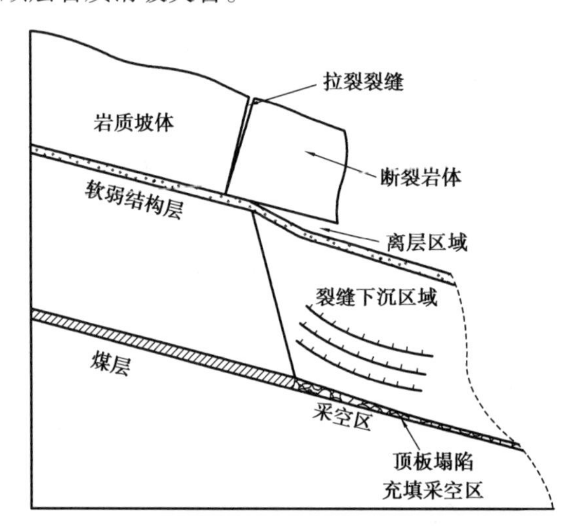

图 5.1　采动顺层岩质斜坡变形破坏示意图

5.1.2　断裂破坏预测模型建立

结合研究问题，使研究对象符合下列条件：

①岩质坡体及软弱结构层均为顺层成层，且为倾角相近或相同的倾斜岩体。

②岩质坡体的走向宽度远小于其倾斜面长度，将坡体宽度看作单位宽度。

③坡体外形为近似矩形的规则块体，其内部没有大的地质构造破坏，且只受重力作用。

④离层区域没有任何充填物体，或者离层区域填充物刚度远小于岩体刚度。

⑤岩质坡体与软弱结构体都符合黏弹性岩体，其本构方程为：

$$\sigma = E(w)\varepsilon + \eta(w)\dot{\varepsilon} \tag{5.1}$$

采用黏弹性本构定律的原因是岩石在地质过程中具有流变学特征，很多地质灾害在地下开采过程中没有发生,而是在开采后的一段时间内发生的。复杂的流变本构定律可以描述岩石的复杂性质,但其计算有许多困难。本研究考虑开尔文黏弹性本构定律的准确性和简洁性,选取开尔文黏弹性本构定律。在开尔文模型中,当应力保持恒定时,应变随时间缓慢增加,但增加量越来越小,且不超过一个固定值。该固定值对应于应力条件下弹性元件的最大弹性应变。

在地表降水和地下水的作用下,地表岩体其含水率会发生变化,含水率变化对坡体岩石力学变形指标有影响,许多研究表明[165-167],岩石含水量的变化影响岩石力学的变形指标。因此,弹性模量 E 和黏滞系数 η 是随含水量 w 变化的非平稳参数。假设坡体和软弱层的岩体本构特征为一个含水开关与 Kelvin 体并联而成,岩石含水率 w 的增加将导致岩石强度的降低,当岩石含水时,含水开关开启,岩石因强度降低而产生蠕变增量,因此,E 、η 是随 w 变化的非定常参数[168,169]。当岩石含水率 $w>0$ 时,含水开关开启。

根据上述假设,可把软弱结构层视为黏弹性基础,坡体作为黏弹性基础上的黏弹性介质组成的柱面弯曲板,可以用单位宽度的梁来表征,其受力如图 5.2 所示。由图 5.2 可知,本研究问题简化为黏弹性基础上的悬臂梁[170],下面分析坡体的挠曲方程式。

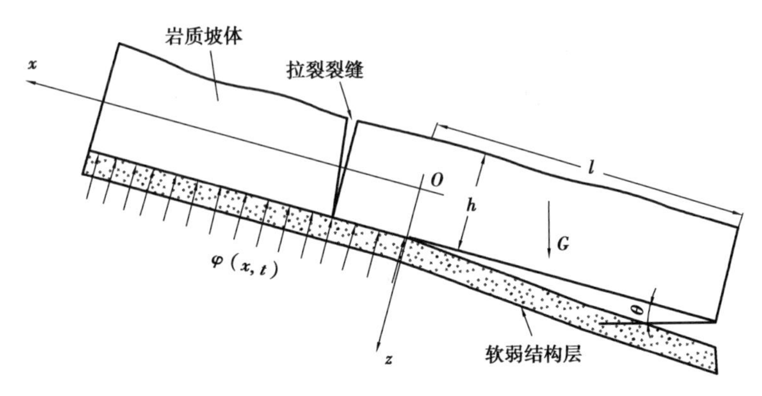

图 5.2　坡体受力示意图

假设岩质坡体与软弱结构层之间无缝隙,因此,在任何时刻任意点上坡体的挠度与该点软弱结构层的下沉量相等:

$$W_p(x,t) = W_r(x,t) = W(x,t) \tag{5.2}$$

式中　$W_p(x,t)$——岩质坡体 x 点 t 时刻的下沉量,m;

$W_r(x,t)$——软弱结构层 x 点 t 时刻的下沉量,m。

由材料力学可知:

$$\varepsilon(x,t) = \frac{z}{\rho(x,t)} \tag{5.3}$$

式中　$\varepsilon(x,t)$——平行于中性轴的直线上的应变;

$\rho(x,t)$——中性轴的曲率半径,m;

z——点到中性轴的距离,m。

将式(5.3)代入黏弹性本构方程(5.1)中,得

$$\sigma(x,t) = E_p(w)\frac{z}{\rho(x,t)} + \eta_p(w)z\frac{\partial}{\partial t}\left(\frac{1}{\rho(x,t)}\right) \tag{5.4}$$

式中　$E_p(w)$——坡体弹性模量,Pa;

$\eta_p(w)$——坡体的黏性系数,Pa·s。

其余符号意义同上。

坡体横断面的力矩为

$$\begin{aligned} M(x,t) &= \int_A \sigma(x,t)z\mathrm{d}A \\ &= \int_A \left\{E_p(w)\frac{z^2}{\rho(x,t)} + \eta_p(w)z^2\frac{\partial}{\partial t}\left[\frac{1}{\rho(x,t)}\right]\right\} \\ &= I\left\{\frac{E_p(w)}{\rho(x,t)} + \eta_p(w)\frac{\partial}{\partial t}\left[\frac{1}{\rho(x,t)}\right]\right\} \end{aligned} \tag{5.5}$$

式中　I—— 坡体横断面对 y 轴的惯性矩,m^4,$I = \int_A z^2\mathrm{d}A$;

A—— 坡体的横断面面积,m^2。

其余符号意义同上。

坡体的曲率又可以近似表示为

$$\frac{1}{\rho(x,t)} = \frac{\partial^2 W(x,t)}{\partial^2 x} \tag{5.6}$$

将式(5.6)代入式(5.5)得

$$M(x,t) = I\eta_{\mathrm{p}}(w)\frac{\partial^3 W(x,t)}{\partial^2 x \partial t} + IE_{\mathrm{p}}(w)\frac{\partial^2 W(x,t)}{\partial^2 x} \tag{5.7}$$

由材料力学,对力矩进行二次微分可得坡体所受载荷:

$$q(x,t) = \frac{\partial^2 M(x,t)}{\partial x^2} = I\eta_{\mathrm{p}}(w)\frac{\partial^5 W(x,t)}{\partial^4 x \partial t} + IE_{\mathrm{p}}(w)\frac{\partial^4 W(x,t)}{\partial^4 x} \tag{5.8}$$

由图 5.2 分析可知,本研究讨论情况下,坡体受下面两部分载荷作用:

①坡体自重作用的载荷:

$$P_z = \gamma h \cos\theta \tag{5.9}$$

式中 γ——坡体容重,$\mathrm{N/m^3}$;

h——坡体厚度,m;

θ——坡体倾角,(°)。

②坡体承受软弱结构层的反力作用力 $\varphi(x,t)$,由式(5.1)得

$$\varphi(x,t) = E_{\mathrm{r}}\varepsilon_{\mathrm{r}} + \eta_{\mathrm{r}}\dot{\varepsilon}_{\mathrm{r}} = E_{\mathrm{r}}\frac{W(x,t)}{m} + \frac{\eta_{\mathrm{r}}}{m}\frac{\partial W(x,t)}{\partial t} \tag{5.10}$$

式中 $E_{\mathrm{r}}(w)$——软弱结构层的弹性模量,Pa;

$\eta_{\mathrm{r}}(w)$——软弱结构层的黏性系数,Pa · s;

m——软弱结构层的厚度,m。

因而坡体所受载荷为:

$$q(x,t) = P_z - \varphi(x) = \gamma h \cos\theta - \left[E_{\mathrm{r}}(w)\frac{W(x,t)}{m} + \frac{\eta_{\mathrm{r}}(w)}{m}\frac{\partial W(x,t)}{\partial t}\right] \tag{5.11}$$

将式(5.11)代入式(5.8),得软弱结构层上部的坡体挠曲线偏微分方程:

$$I\eta_{\mathrm{p}}(w)\frac{\partial^5 W(x,t)}{\partial^4 x \partial t} + IE_{\mathrm{p}}(w)\frac{\partial^4 W(x,t)}{\partial^4 x} + \frac{\eta_{\mathrm{r}}(w)}{m}\frac{\partial W(x,t)}{\partial t} + \frac{E_{\mathrm{r}}(w)}{m}W(x,t) = P_z \tag{5.12}$$

对于坡体与软弱结构层离层部分,软弱结构层对坡体的反力为零,则坡体的挠曲线偏微分方程为

$$I\eta_{\mathrm{p}}(w)\frac{\partial^5 W(x,t)}{\partial^4 x \partial t} + IE_{\mathrm{p}}(w)\frac{\partial^4 W(x,t)}{\partial^4 x} = P_z \tag{5.13}$$

求解方程(5.12)和(5.13),令

$$W(x,t) = U(x,t)\exp\left(-\frac{E_{\mathrm{p}}(w)}{\eta_{\mathrm{p}}(w)}t\right)+\frac{mP_{z}}{E_{\mathrm{r}}} \tag{5.14}$$

将式(5.14)代入方程(5.12)得

$$I\eta_{\mathrm{p}}(w)\frac{\partial^{5}U(x,t)}{\partial^{4}x\partial t}+\frac{\eta_{\mathrm{r}}(w)}{m}\frac{\partial U(x,t)}{\partial t}+\frac{1}{m}\left(E_{\mathrm{r}}(w)-\frac{E_{\mathrm{p}}(w)\eta_{\mathrm{r}}}{\eta_{\mathrm{p}}(w)}\right)U(x,t)=0 \tag{5.15}$$

为简化方程,近似假设:

$$\frac{E_{\mathrm{p}}(w)}{\eta_{\mathrm{p}}(w)}=\frac{E_{\mathrm{r}}(w)}{\eta_{\mathrm{r}}(w)}=k \tag{5.16}$$

则式(5.15)可简化为

$$\frac{\partial}{\partial t}\left(\frac{\partial^{4}U(x,t)}{\partial^{4}x}+\frac{E_{\mathrm{r}}(w)}{mIE_{\mathrm{p}}(w)}U(x,t)\right)=0 \tag{5.17}$$

将式(5.17)对 t 积分得

$$\frac{\partial^{4}U(x,t)}{\partial^{4}x}+\frac{E_{\mathrm{r}}(w)}{mIE_{\mathrm{p}}(w)}U(x,t)=f(x) \tag{5.18}$$

式中,$f(x)$ 为取决于 x 的任意函数。

解得式(5.18)的通解为

$$\begin{aligned}U(x) = {} & \mathrm{e}^{\alpha x}[C_{1}(t)\sin(\alpha x)+C_{2}(t)\cos(\alpha x)]+\mathrm{e}^{-\alpha x}[C_{3}(t)\sin(\alpha x)+ \\ & C_{4}(t)\cos(\alpha x)]+F(x)\end{aligned} \tag{5.19}$$

式中,$\alpha=\left(\dfrac{E_{\mathrm{r}}(w)}{4IE_{\mathrm{p}}(w)m}\right)^{1/4}$,定义 α 为岩体特征系数;$F(x)$ 为取决于函数 $f(x)$ 的函数。

将式(5.19)代入式(5.14)得坡体的挠曲方程为

$$\begin{aligned}W(x,t) = {} & \mathrm{e}^{-kt}\{\mathrm{e}^{\alpha x}[C_{1}(t)\sin(\alpha x)+C_{2}(t)\cos(\alpha x)]+ \\ & \mathrm{e}^{-\alpha x}[C_{3}(t)\sin(\alpha x)+C_{4}(t)\cos(\alpha x)]+ \\ & F(x)\}+\frac{mP_{z}}{E_{\mathrm{r}}(w)}\end{aligned} \tag{5.20}$$

由边界条件求函数。

①当 $x\to\infty$ 时,有

$$\lim_{x\to\infty} W(x,t) = [\mathrm{e}^{-kt}\cdot F(x)]\cdot\frac{mP_z}{E_r(w)} \tag{5.21}$$

又

$$\lim_{x\to\infty} W(x,t) = 0 \tag{5.22}$$

由式(5.21)和式(5.22)得

$$F(x) = 0 \tag{5.23}$$

由式(5.20)和式(5.23)得

$$\left.\begin{aligned} &C_1(t) = C_2(t) = 0 \\ &\lim_{x\to\infty} F(x) = 0 \end{aligned}\right\} \tag{5.24}$$

②当 $t\to 0$ 时,坡体各点挠度应为

$$\lim_{t\to 0} W(x,t) = \frac{mP_z}{E_r(w)} \tag{5.25}$$

由式(5.20)和式(5.25)得

$$F(x) = -\mathrm{e}^{-\alpha x}[C_3(0)\sin(\alpha x) + C_4(0)\cos(\alpha x)] \tag{5.26}$$

当 $x\to\infty$ 时,$F(x)=0$。将式(5.24)、式(5.25)、式(5.26)代入式(5.20)得

$$W(x,t) = \mathrm{e}^{-kt}\mathrm{e}^{-\alpha x}[D_3(t)\sin(\alpha x) + D_4(t)\cos(\alpha x)] + \frac{mP_z}{E_r(w)} \tag{5.27}$$

式中

$$\left.\begin{aligned} D_3(t) &= C_3(t) - C_3(0) \\ D_4(t) &= C_4(t) - C_4(0) \end{aligned}\right\} \tag{5.28}$$

把式(5.27)代入式(5.7),并令 $x=0$,弯矩和剪力得

$$\left.\begin{aligned} M(0,t) &= -2\alpha^2 I\eta_p(w)\mathrm{e}^{-kt}\frac{\mathrm{d}D_3(t)}{\mathrm{d}t} \\ T(0,t) &= 2\alpha^3 I\eta_p(w)\mathrm{e}^{-kt}\left[\frac{\mathrm{d}D_3(t)}{\mathrm{d}t} + \frac{\mathrm{d}D_4(t)}{\mathrm{d}t}\right] \end{aligned}\right\} \tag{5.29}$$

坡体的悬臂部分,在 $x=0$ 点的弯矩和剪力为:

$$\left.\begin{aligned} M(0,t) &= -\frac{1}{2}P_z l^2 = -\frac{1}{2}\gamma h l^2 \cos\theta \\ T(0,t) &= -P_z l = -\gamma h l \cos\theta \end{aligned}\right\} \tag{5.30}$$

由式(5.29)和式(5.30)解得

$$\left.\begin{aligned} D_3(t) &= \frac{P_z l^2}{4IE_p(w)\alpha^2}e^{kt} + C_5 \\ D_4(t) &= -\frac{P_z l(2+\alpha l)}{4IE_p(w)\alpha^3}e^{kt} + C_6 \end{aligned}\right\} \tag{5.31}$$

由初始条件式(5.28),$t=0$ 时,$D_3(0)=D_4(0)=0$,则

$$\left.\begin{aligned} C_5 &= -\frac{P_z l^2}{4IE_p(w)\alpha^2} \\ C_6 &= \frac{P_z l(2+\alpha l)}{4IE_p(w)\alpha^3} \end{aligned}\right\} \tag{5.32}$$

将式(5.32)代入式(5.31),再代入式(5.27)可得

$$W(x,t) = (1-e^{-kt})e^{-\alpha x}\left[\frac{P_z l^2}{4IE_p(w)\alpha^2}\sin(\alpha x) - \frac{P_z l(2+\alpha l)}{4IE_p(w)\alpha^3}\cos(\alpha x)\right] + \frac{mP_z}{E_r(w)} \tag{5.33}$$

式(5.33)中最后一项在地下开采之前已经发生,没有实际意义,减去此项,整理得

$$W(x,t) = (1-e^{-kt})e^{-\alpha x}\frac{P_z l}{4IE_p(w)\alpha^2}\left[l\sin(\alpha x) - \left(\frac{2}{\alpha}+l\right)\cos(\alpha x)\right] \tag{5.34}$$

根据挠曲线近似微分方程,将式(5.34)对 x 微分两次,乘以 $IE_p(w)$,得坡体内的弯矩为

$$M(x,t) = -\frac{P_z l}{2}(1-e^{-kt})e^{-\alpha x}\left[\frac{(2+\alpha l)}{\alpha}\sin(\alpha x) + l\cos(\alpha x)\right] \tag{5.35}$$

式(5.34)、式(5.35)为坡体内岩体位移、弯矩的基本方程,即断裂破坏预测模型的基本方程。

由预测模型坡体内应力、弯矩基本方程分析可知,当 $t=0$ 时,坡体内应力、弯矩均为最小值;当 $t\to\infty$ 时,坡体内应力、弯矩均趋于最大值。若在地下开采停采前,坡

体没有断裂失稳，随着时间的推移，即使没有地下开采的影响，由于岩体的流变性质，坡体内应力、弯矩也还是会不断增大，直至坡体破坏，达到新的平衡状态。这也是为什么很多顺层岩质滑坡地质灾害，不是在地下开采过程中发生，而是发生在停采后的一段时间。

5.1.3 坡体应力分析

由式(5.4)、式(5.5)和式(5.35)可得

$$\sigma(x,t)=\frac{M(x,t)\cdot z}{I}+\gamma h\sin\theta$$
$$=-\frac{P_z lz}{2I}(1-\mathrm{e}^{-kt})\mathrm{e}^{-\alpha x}\left[\frac{(2+\alpha l)}{\alpha}\sin(\alpha x)+l\cos(\alpha x)\right]+\gamma h\sin\theta \tag{5.36}$$

根据式(5.36)可知，当 $t=0$ 时，$\sigma(x,0)=\gamma h\sin\theta$，即此时坡体内部应力为初始应力，也就是坡体自重在 x 方向上的应力分力。当 $t\to\infty$ 时，坡体内应力达到最大，即

$$\sigma_{\max}(x,\infty)=-\frac{P_z lz}{2I}\mathrm{e}^{-\alpha x}\left[\frac{(2+\alpha l)}{\alpha}\sin(\alpha x)+l\cos(\alpha x)\right]+\gamma h\sin\theta \tag{5.37}$$

式(5.37)对 x 进行一次微分：

$$\sigma'_{\max}(x,\infty)=-\frac{P_z lz}{I}\mathrm{e}^{-\alpha x}[\cos(\alpha x)-(1+\alpha l)\sin(\alpha x)] \tag{5.38}$$

令 $\sigma'_{\max}(x,\infty)=0$，得到坡体内最大应力位置 $x_{\sigma_{\max}}$ 为

$$x_{\sigma_{\max}}=\frac{\arctan\left(\frac{1}{1+\alpha l}\right)}{\alpha} \tag{5.39}$$

由式(5.39)可得不同岩体特征系数 $\alpha(\alpha_1<\alpha_2<\alpha_3)$ 下，离层长度 l 与最大应力位置 $x_{\sigma_{\max}}$ 之间的关系，如图 5.3 所示。由图 5.3 可知，随着离层长度 l 的增大，最大应力位置 $x_{\sigma_{\max}}$ 逐渐减小，且趋于 0，说明离层长度 l 越大，最大应力位置越靠近离层边界，当离层长度 $l\to\infty$ 时，$x_{\sigma_{\max}}\to0$，该点位于离层边界正上方，若此时最大应力超

过抗拉强度,则坡体拉裂破坏处位于离层边界正上方。对于同一离层长度 l,岩体特征系数 α 值越小,则 $x_{\sigma_{max}}$ 越大,由岩体特征系数 α 表达式可以看出,α 取值与坡体、软弱结构层的岩体性质有关,且与坡体岩体弹性模量 $E_p(w)$ 成反比,说明同一离层长度 l,坡体岩体弹性模量 $E_p(w)$ 越大,最大应力位置距离离层边界越远。此外,岩石含水率 w 的增加会导致岩石强度的下降。随着 w 的增加 $E_p(w)$ 减少,因此 α 与 w 是成正比的。对于较高 w,最大应力位置更接近分离区边界。

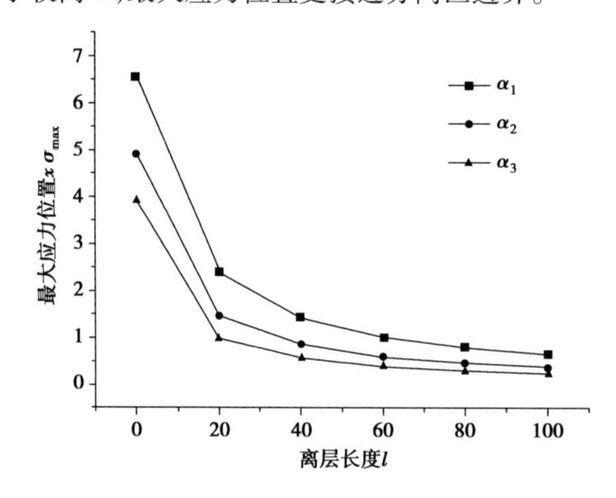

图 5.3　离层长度与最大应力位置关系图

将式(5.39)代入式(5.37),得坡体内最大拉应力为:

$$\sigma_{max} = -\frac{P_z lz}{2I}e^{-\arctan\left(\frac{1}{1+\alpha l}\right)}\left\{\frac{(2+\alpha l)}{\alpha}\sin\left[\arctan\left(\frac{1}{1+\alpha l}\right)\right]+l\cos\left[\arctan\left(\frac{1}{1+\alpha l}\right)\right]\right\}+\gamma h\sin\theta \tag{5.40}$$

可知,坡体内应力与 z 的值成正比,z 的值越大 σ_{max} 越大,因此,最大拉应力出现在坡体表面,且距离离层边界 $x_{\sigma_{max}}$ 处。

岩体的抗拉强度一般小于抗压强度[171],所以岩体通常发生拉伸破坏。假设坡体抗拉强度为 σ_t,地下采动影响下,当 $\sigma_{max}=\sigma_t$ 时,顺层岩质坡体表面发生拉伸破坏,形成张开型裂纹,在重力的倾斜分力和降水的共同作用下,裂纹开始扩展,直至贯穿整个坡体,导致坡体发生断裂破坏,折断坡体重新落在软弱结构层上。若折断坡体所受下滑力小于抗滑力,则形成危岩,而下滑力大于抗滑力,则形成顺层滑坡。将 σ_t 代入式(5.40)得

$$(\sigma_t - \gamma h \sin\theta)\frac{2I}{P_z lz} = e^{-\arctan\left(\frac{1}{1+\alpha l}\right)}\left\{\frac{(2+\alpha l)}{\alpha}\sin\left[\arctan\left(\frac{1}{1+\alpha l}\right)\right] + l\cos\left[\arctan\left(\frac{1}{1+\alpha l}\right)\right]\right\} \tag{5.41}$$

从式(5.41)可以得到抗拉强度 σ_t 下，离层长度的最大值，即 l_{max}。随着地下采矿的推进，坡体下方离层长度 l 不断增加，当增加到 l_{max} 时，坡体表面距离离层边界 $x_{\sigma_{max}}$ 处的最大拉应力达到抗拉强度，发生拉伸破坏，形成裂隙，进而可能发展成崩落或滑坡地质灾害。因此，通过式(5.41)可以计算地下采矿影响下离层长度的最大值 l_{max}，又由式(5.39)得到最大拉应力位置 $x_{\sigma_{max}}$，从而确定坡体裂隙位置，为进一步判断坡体稳定性提供依据，并可有针对性地采取措施，预防坡体裂隙进一步发育形成断裂，最终造成地质灾害。

5.1.4　坡体弯矩分析

对于坡体内弯矩式(5.35)，当 $t=0$ 时，$M(x,0)=0$。当 $t\to\infty$ 时，弯矩达到最大值，即

$$M_{max}(x,\infty) = -\frac{P_z l}{2}e^{-\alpha x}\left[\frac{(2+\alpha l)}{\alpha}\sin(\alpha x) + l\cos(\alpha x)\right] \tag{5.42}$$

对式(5.35)求偏导，并令其等于0，即

$$\frac{\partial M(x,t)}{\partial x} = P_z l e^{-\alpha x}(1-e^{-kt})[(1+\alpha l)\sin(\alpha x) - \cos(\alpha x)] = 0 \tag{5.43}$$

解得

$$x_{M_{max}} = \frac{\arctan\left(\frac{1}{1+\alpha l}\right)}{\alpha} \tag{5.44}$$

即坡体上最大弯矩出现在距离层边界 $x_{M_{max}}$ 的位置。结合式(5.39)可知，$x_{M_{max}} = x_{\sigma_{max}}$，说明该处因弯矩过大，岩体达到抗拉强度，发生拉伸破坏。

将式(5.44)代入式(5.42)，最大弯矩为：

$$M_{max} = -\frac{P_z l}{2}e^{-\arctan\left(\frac{1}{1+\alpha l}\right)}\left\{\frac{(2+\alpha l)}{\alpha}\sin\left[\arctan\left(\frac{1}{1+\alpha l}\right)\right] + l\cos\left[\arctan\left(\frac{1}{1+\alpha l}\right)\right]\right\} \tag{5.45}$$

当地下开采不断推进,坡体离层长度不断增加,弯矩也不断增长,当 l 增大到某一极限值时,坡体岩层弯矩过大,而发生折断,折断于离层边界前方 $x_{M_{max}}$ 处。

5.2 采动顺层岩质斜坡稳定性分析

5.2.1 潜在滑面削弱现象

由图 5.2 可知,拉裂裂缝发育至软弱结构层后,坡体前部被切割成独立块体,继而倾倒在软弱结构层上,断裂块体倾角由 θ 变为 θ_2,几何形态如图 5.4 所示。

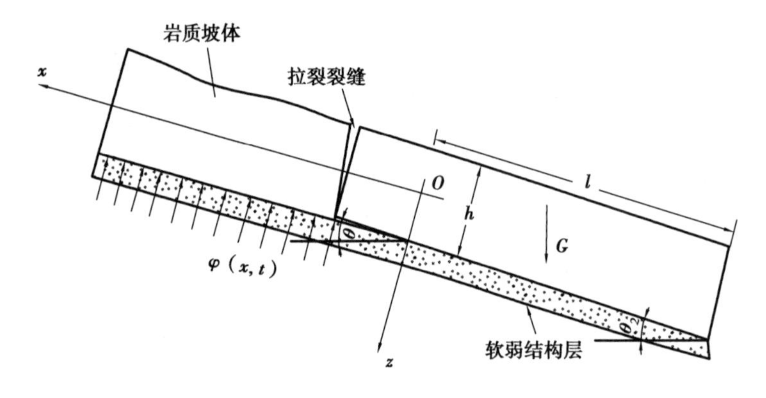

图 5.4 断裂块体几何形态

断裂坡体的稳定性规律,也就是断裂坡体滑坡演化规律,是一个从量变到质变的过程,是断裂坡体渐进破坏的过程,实质是软弱结构层(潜在滑面)的力学参数不断弱化的过程。软弱结构层(潜在滑面)的力学强度受以下因素影响。

(1)地下采矿的作用

地下采矿活动,形成采空区,采空区上覆岩层依次冒落,地表斜坡产生变形和破坏,致使其损伤,弱化了岩体的力学强度。

(2)水的作用

水对坡体的稳定性影响是多方面的,且非常活跃。大量事实证明,大多数地质灾害都与水的作用有关。充水的拉裂裂缝将承受裂缝水的静水压力作用。拉裂裂缝中水沿着软弱结构层继续流动产生浮托力。水对岩体将产生软化、浸蚀等物理化学破坏作用。

综上所述,将软弱结构层(潜在滑面)受到地下采动弱化和水软化,致使其损伤,进而导致其力学强度降低的现象称为削弱。把软弱结构层削弱后的强度与削弱前的强度之比称为削弱系数,用 k 表示,以此定量反映软弱结构层性质削弱情况。

滑动面的力学参数具有空间性和时间性。在空间上,整个滑动面力学参数分布不均匀,如地表水从后缘裂缝渗入滑动面,致使滑动面后部力学参数小于前部。在时间上,随滑坡演化,滑动面力学参数不断减弱,且不同演化阶段滑动面不同位置力学参数的削弱速率也不同。因此,滑动面削弱系数应该是一个位置和时间的函数[172]。为简化稳定性计算,忽略削弱系数在时间和空间上的变化过程,设削弱系数是一个常量,为软弱结构层临滑时刻的力学参数与削弱前的力学参数之比,由摩尔-库仑强度准则,假定内摩擦角对应的摩擦系数和内聚力具有同等削弱作用,则削弱系数可表示为

$$k = \frac{\tan(\varphi)}{\tan(\varphi_0)} = \frac{C}{C_0} \tag{5.46}$$

其中 C_0 和 C 分别表示软弱结构层削弱前与削弱后的内聚力值;φ_0 和 φ 分别表示软弱结构层削弱前与削弱后的内摩擦角。

5.2.2　断裂坡体稳定性分析

(1)自然状态下断裂坡体稳定性分析

自然状态下,只考虑滑动面受采动损伤和水的物理化学破坏作用。根据岩体结构面剪切变形特征,岩体剪应力达到峰值后,会降低至某一强度并趋于稳定。因此,

削弱系数具有以下特征:在原始状态下岩体力学参数未弱化,削弱系数为1,在采动损伤和水的破坏影响下,岩体力学参数不断减小,削弱系数也逐渐变小,最后削弱系数趋于某一极值。

根据摩尔-库仑准则,可得断裂块体单位宽度的抗滑力为

$$F_{K1}(x) = \int_{-l}^{x_{\sigma_{\max}}} (\gamma h \cos\theta_2 \tan\varphi + C)\mathrm{d}x = \int_{-l}^{x_{\sigma_{\max}}} (\gamma h \cos\theta_2 k \tan\varphi_0 + kC_0)\mathrm{d}x \tag{5.47}$$

式中 γ——坡体容重,N/m^3;

h——坡体厚度,m;

θ_2——断裂坡体倾角,(°)。

又断裂块体下滑力为

$$F_{X1}(x) = \int_{2}^{x_{\sigma_{\max}}} \gamma h \sin\theta_2 \mathrm{d}x \tag{5.48}$$

由极限平衡法分析断裂块体稳定性,可得断裂块体稳定性系数 F_r 为

$$F_r = \frac{F_{K1}(x)}{F_{X1}(x)} = \frac{k(\gamma h \cos\theta_2 \tan\varphi_0 + C_0)}{\gamma h \sin\theta_2} \tag{5.49}$$

设软弱夹层倾角变化较小,即 $\theta \approx \theta_2$,则倾角的三角函数变化更小,式(5.49)可近似为

$$F_r = \frac{k(\gamma h \cos\theta \tan\varphi_0 + C_0)}{\gamma h \sin\theta} \tag{5.50}$$

式(5.50)即为滑坡形成过程中其稳定性变化规律,可求得临界状态($F_r=1$)下的削弱系数值 k。随着软弱结构层力学强度的不断削弱,当削弱后与削弱前的强度之比为 k 时,断裂坡体达到临滑状态。

(2)饱水状态下断裂坡体稳定性分析

饱水状态下,考虑滑动面不仅受采动损伤和水的物理化学破坏作用,而且还受充分降水产生的静水压力和浮托力作用。因此,削弱系数与自然状态下一样逐渐变小,断裂坡体的稳定性还受到静水压力和浮托力的影响,如图5.5所示。

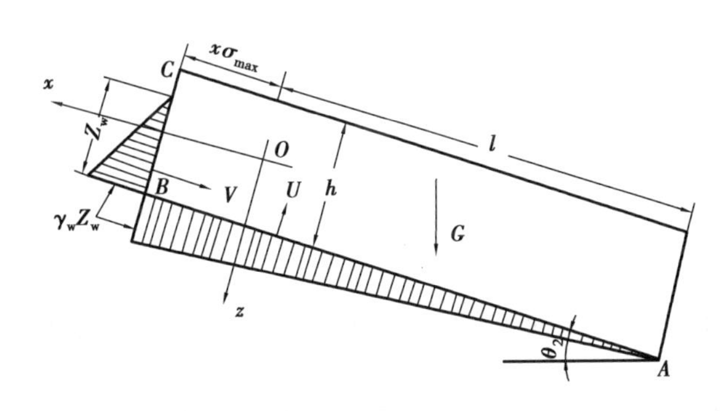

图 5.5　饱水状态断裂块体受力分析

假设拉裂裂缝垂直于软弱夹层，张拉裂缝充水，而岩体本身不透水，水自张拉裂缝渗入，流经软弱夹层从坡脚溢出，水压沿裂隙呈线性分布。当水赋存于张拉裂缝中，水对裂缝两壁产生静水压力，沿裂缝壁产生的静水压力的压强为 $\gamma_w Z_w$，总压力 V 为

$$V = \frac{1}{2}\gamma_w Z_w^2 \tag{5.51}$$

式中　γ_w——水的容重，N/m^3；

Z_w——张拉裂缝充水深度，m。

此静水压力作用的方向垂直于裂缝壁，作用点在距 Z_w 下界的 1/3 处，因此它是一种推动断裂坡体下滑的力。

当裂缝中水沿软弱夹层继续向下流动，流至坡脚出坡面时，沿软弱夹层产生水的浮托力，其压力分布图为沿 AB 面呈三角形分布，如图 5.5 所示，其总浮托力 U 为

$$U = \int_{-l}^{x_{\sigma_{max}}} \frac{1}{2}\gamma_w Z_w \mathrm{d}x = \frac{1}{2}\gamma_w Z_w (l + x_{\sigma_{max}}) \tag{5.52}$$

此浮托力和沿着 AB 面作用的正压力方向相反，抵消了一部分正压力，从而减少了沿该面抗滑的摩擦阻力，对断裂坡体稳定不利。

断裂坡体能否沿滑面 ABC 发生滑动，取决于断裂坡体沿 ABC 面的下滑力和抗滑力的大小。

根据摩尔-库仑准则，可得断裂块体单位宽度的抗滑力为

$$\begin{aligned} F_{K2}(x) &= \int_{-l}^{x_{\sigma_{max}}} \left[\left(\gamma h \cos\theta_2 - \frac{1}{2}\gamma_w Z_w\right)\tan\varphi + C\right]\mathrm{d}x \\ &= \int_{-l}^{x_{\sigma_{max}}} \left[\left(\gamma h \cos\theta_2 - \frac{1}{2}\gamma_w Z_w\right)k\tan\varphi_0 + kC_0\right]\mathrm{d}x \\ &= k\left[\left(\gamma h \cos\theta_2 - \frac{1}{2}\gamma_w Z_w\right)\tan\varphi_0 + C_0\right](x_{\sigma_{max}} + l) \end{aligned} \tag{5.53}$$

又断裂块体下滑力为

$$F_{X2}(x) = \int_{-l}^{x_{\sigma_{\max}}} \gamma h \sin \theta_2 \mathrm{d}x + \frac{1}{2}\gamma_{\mathrm{w}} Z_{\mathrm{w}}^2 = \gamma h \sin \theta_2 (x_{\sigma_{\max}} + l) + \frac{1}{2}\gamma_{\mathrm{w}} Z_{\mathrm{w}}^2 \tag{5.54}$$

由极限平衡法分析断裂块体稳定性，可得断裂块体稳定性系数 F_{r} 为

$$F_{\mathrm{r}} = \frac{F_{K2}(x)}{F_{X2}(x)} = \frac{k\left[\left(\gamma h \cos \theta_2 - \frac{1}{2}\gamma_{\mathrm{w}} Z_{\mathrm{w}}\right)\tan \varphi_0 + C_0\right](x_{\sigma_{\max}} + l)}{\gamma h \sin \theta_2 (x_{\sigma_{\max}} + l) + \frac{1}{2}\gamma_{\mathrm{w}} Z_{\mathrm{w}}^2} \tag{5.55}$$

设软弱夹层倾角变化较小，即 $\theta \approx \theta_2$，则倾角的三角函数变化更小，式(5.55)可近似为

$$F_{\mathrm{r}} = \frac{k\left[\left(\gamma h \cos \theta - \frac{1}{2}\gamma_{\mathrm{w}} Z_{\mathrm{w}}\right)\tan \varphi_0 + C_0\right](x_{\sigma_{\max}} + l)}{\gamma h \sin \theta (x_{\sigma_{\max}} + l) + \frac{1}{2}\gamma_{\mathrm{w}} Z_{\mathrm{w}}^2} \tag{5.56}$$

式(5.56)即为滑坡形成过程中其稳定性变化规律。从式(5.56)可知，断裂块体稳定性系数 F_{r} 与张拉裂缝充水深度 Z_{w} 成反比，当雨季地表降水多时，张拉裂缝充水深度 Z_{w} 增加，断裂块体稳定性系数 F_{r} 降低，降低至临界状态($F_{\mathrm{r}}=1$)时，断裂坡体达到临滑状态。

5.3 滑坡实例分析

5.3.1 断裂破坏预测

(1)原型斜坡断裂破坏预测

利用断裂破坏预测模型，预测分析该滑坡的断裂破坏位置。根据矿区岩石物理

力学参数,见表 3.5,由式(5.40),得离层长度 l 与坡体内最大拉应力之间的关系曲线,如图 5.6 所示。

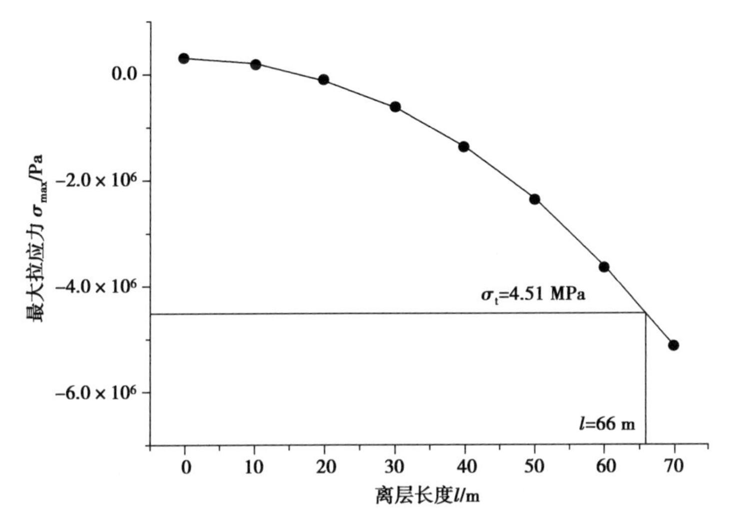

图 5.6　最大拉应力与离层长度的关系曲线图

坡体岩石的抗拉强度为 σ_t 为 4.51 MPa,由图 5.6 关系曲线可得最大离层长度 l_{max} 为 66 m。将 l_{max} 代入式(5.39),可得最大拉应力位置 x_{σ_t} 为 47.36 m。随着地下逆坡开采的推进,当离层距离达到 66 m 时,坡体坡面距离离层边界 47.36 m 处岩体达到抗拉强度,发生拉伸破坏,产生张拉裂缝,即滑体后缘裂缝,该预测裂缝(滑体后缘)在坡顶面距坡脚 113.36 m(66 + 47.36 = 113.36 m)位置处。根据矿山实测资料,滑体长约 114 m,与预测后缘裂缝处(113.36 m)存在 0.64 m 的误差,相对误差为 0.56%,误差较小,结果表明,断裂破坏预测模型预测效果良好。

(2)相似模型断裂破坏预测

因为相似模型更满足预测模型假设条件,现在根据相似模拟试验参数,利用断裂破坏预测模型,进行相似模型断裂破坏预测,预测分析相似模型坡体坡面裂缝位置。相似模型的参数,如表 5.3 所示。

表 5.3 相似模型参数

岩层	容重 $\gamma/(\mathrm{N\cdot m^{-3}})$	弹性模量 E/MPa	厚度 h/m	岩层倾角 $\theta/(°)$	内聚力 C/MPa	内摩擦角 $\varphi/(°)$	抗拉强度 σ_t/MPa
砂质泥岩	15 000	37.01	0.4	18	2.52	26.9	0.046 72
软弱结构层	15 000	0.005 9	0.005	18	0.254 8	17.4	—

由式(5.40),得离层长度 l 与坡体内最大拉应力 σ_{max} 之间的关系曲线,如图 5.7 所示。

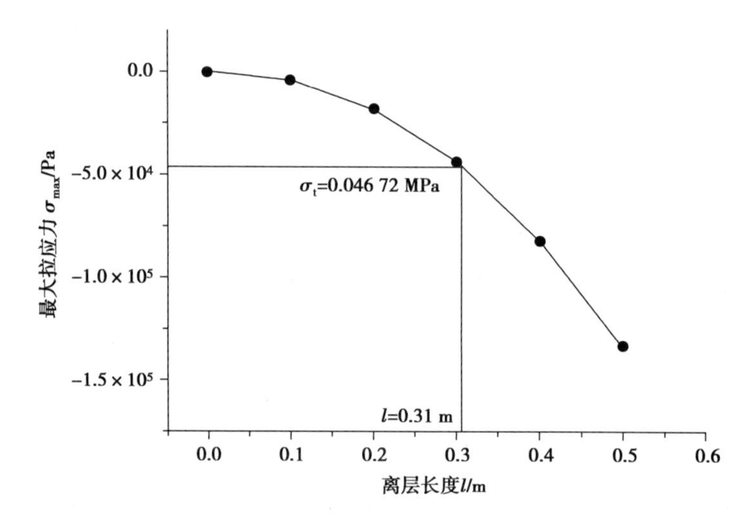

图 5.7 最大拉应力与离层长度关系曲线

试验坡体相似材料抗拉强度 σ_t 为 0.046 72 MPa,由曲线可得最大离层长度 l_{max} 为 0.31 m。将 l_{max} 代入式(5.39),可得最大拉应力位置 x_{σ_t} 为 0.085 4 m。随着地下逆坡开采的推进,当离层距离达到 0.31 m 时,坡体表面距离离层边界 0.085 4 m 处岩体达到抗拉强度,发生拉伸破坏,产生张拉裂缝。

从 39/40 号高度调节装置开始调节下沉,模拟地下逆坡开采,当离层长度达到 l_{max} 时,坡面 x_{σ_t} 位置岩体达到抗拉强度,发生拉伸破坏,形成张拉裂缝。相似模型中的坡体每隔一定距离出现裂隙位置证实了这一现象。在预测模型推导建立过程中,假设坡体为矩形块体。因此,这里不分析裂隙 A 以下的坡体的破坏情况。将相似模拟试验中,相似模型发生断裂破坏的位置,如图 3.19(f)所示,测量标注于相似模型中,如图5.8所示。

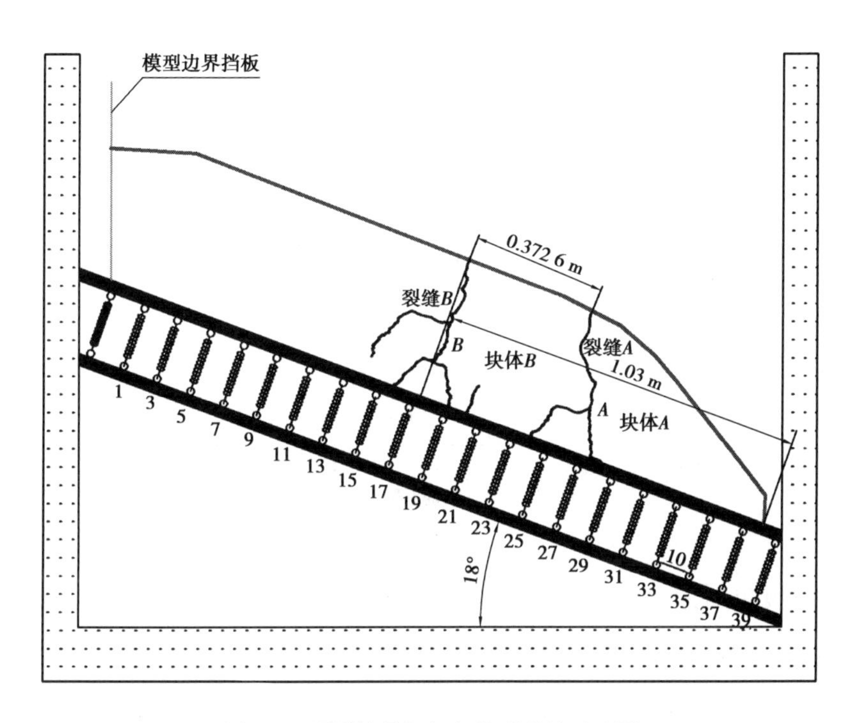

图5.8　预测结果与相似模型裂缝对比图

由图5.8可知,裂缝 A 与裂缝 B 之间岩块为0.372 6 m,与以上预测结果 $l_{max}+x_{\sigma_t}$,即 $0.31+0.085\ 4=0.395\ 4$ m 相近,只有0.022 8 m的误差,相对误差为6.12%,表明离层块体近似为预测模型假设的矩形时,预测模型预测效果良好。

相似模型中,块体 A、块体 B 先后沿滑动面产生滑移,经测量滑体长1.03 m,经几何相似后,相当于现场实际103 m,这与该矿滑坡的滑体长度114 m,有11 m误差,相对误差9.65%,可见试验装置模拟效果良好,表明试验装置具有有效性。

5.3.2　稳定性分析

(1)原型斜坡稳定性分析

自然状态下:将滑体的有关参数(表3.5),代入式(5.50)中,即可求得滑坡形成过程中其稳定性变化规律，如图 5.9 所示。

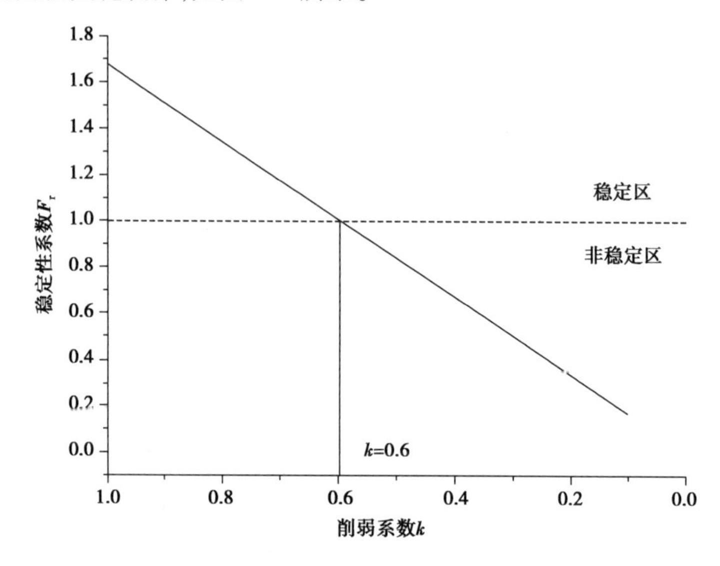

图 5.9　斜坡稳定性变化情况

由图 5.9 可知，由采动损伤和地表降水的物理化学作用，使软弱夹层力学强度减弱，即削弱系数也在减小，断裂块体的稳定性在不断恶化，并随着削弱系数呈线性递减。当 $k=0.6$ 时，$F_r=1$，表明当软弱夹层力学强度不断弱化至削弱前的 0.6 倍时，断裂块体达到临滑状态。

饱水状态下：将滑体的有关参数（表 3.5），代入式（5.56）中，Z_w 取值范围为 $0\sim h$，分别取 $Z_{w1}=0$，$Z_{w2}=h/2$，$Z_{w3}=h$，即 $Z_{w1}<Z_{w2}<Z_{w3}$，即可求得采动顺层岩质滑坡形成过程中其稳定性变化规律，如图 5.10 所示。

由图 5.10 可知，对于同一削弱系数 k，即采动损伤和地表降水的物理化学作用相同时，拉裂裂缝充水深度越深，即 $Z_{w1}<Z_{w2}<Z_{w3}$，断裂坡体稳定性系数 F_r 越小，断裂坡体越容易发生失稳现象。这一过程与采动顺层岩质滑坡实际现象吻合，地下采空后斜坡没有立即发生失稳，而软弱夹层强度经过 2 年不断削弱（k 减小），并在一个雨季，经过连续降水（Z_w 增大）后，断裂坡体在静水压力和浮托力共同作用下，达到临滑状态，发生滑坡灾害。

（2）相似模型稳定性分析

根据相似模型中坡体断裂滑坡的现象，分别对裂缝 A 和裂缝 B 切割的两个断裂

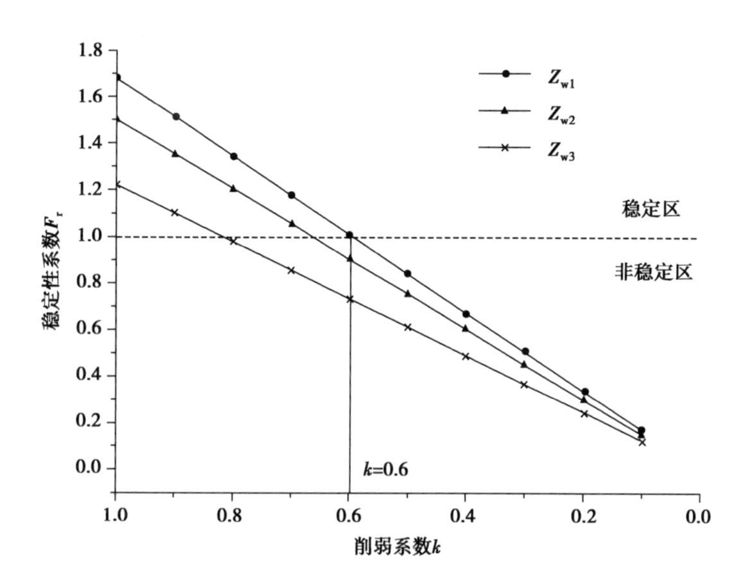

图 5.10 饱水状态斜坡稳定性变化情况

块体,即块体 A 和块体 B 进行稳定性分析。将裂缝 A、B 拟合简化成一条直线,得到块体 A、B 的几何结构,如图 5.11 所示。

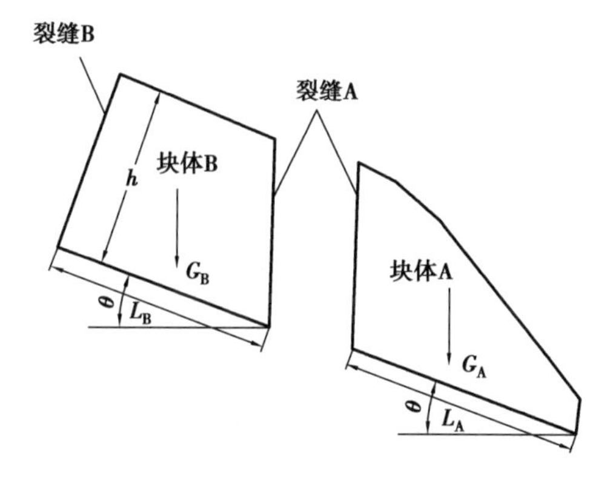

图 5.11 相似模型断裂块体的几何结构

坡体断裂破坏后,用极限平衡法分别分析块体 A 和块体 B 的稳定性。

①块体 A。

由摩尔-库仑强度准则,可得断裂块体单位宽度的抗滑力为

$$F_{KA} = G_A k \cos\theta \tan\varphi_0 + kC_0 L_A \tag{5.57}$$

断裂块体下滑力为

$$F_{XA} = G_A \sin\theta \tag{5.58}$$

断裂块体稳定性系数 F_{rA} 为：

$$F_{rA} = \frac{F_{KA}}{F_{XA}} = \frac{G_A k \cos\theta \tan\varphi_0 + kC_0 L_A}{G_A \sin\theta} = \frac{k(G_A \cos\theta \tan\varphi_0 + C_0 L_A)}{G_A \sin\theta} \tag{5.59}$$

软弱夹层倾角变化较小，设倾角近似不变，又块体 A 近似梯形，经测量计算得：块体 A 的面积 S_A 为 0.138 5 m^2、长度 L_A 为 0.50 m，将上述参数与表 5.3 相似模型参数一起代入式（5.59），可得块体 A 的削弱系数与其稳定性变化规律，如图 5.12 所示。

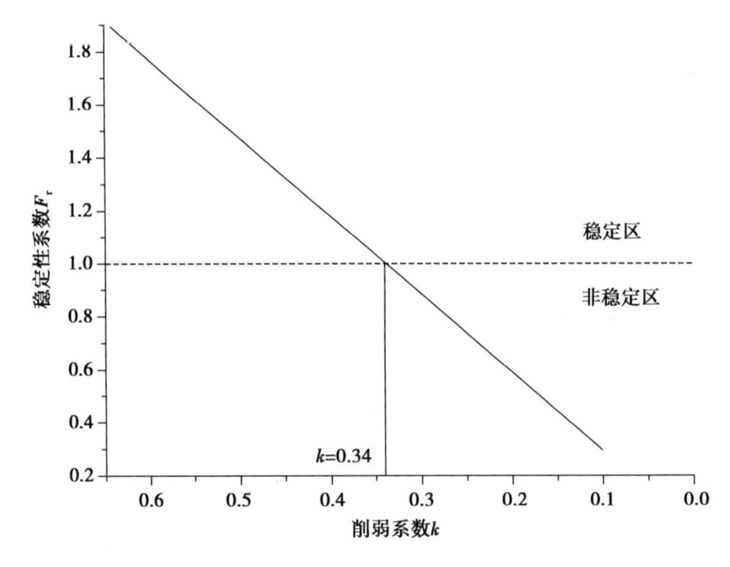

图 5.12　块体 *A* 稳定性变化情况

由图 5.12 可以看出，块体 A 的稳定性随着削弱系数减小呈线性递减。当 $k=1$ 时，明显 $F_{rA}>1$，表明块体 A 经重复采动后落在软弱夹层上初期是处于稳定状态的，这与相似模拟试验现象相符。随着软弱夹层不断削弱，当 $k=0.34$，即软弱夹层力学强度被削弱 34%，内摩擦角从 17.4°降至 6.1°，内聚力从 0.254 8 MPa 降至 0.086 6 MPa 后，断裂块体 A 进入临滑状态，抗滑力不能抵抗下滑力，从而发生滑坡现象。

②块体 B。

由摩尔-库仑强度准则，可得断裂块体单位宽度的抗滑力为

$$F_{KB} = G_B k \cos\theta \tan\varphi_0 + kC_0 L_B \tag{5.60}$$

断裂块体下滑力为

$$F_{XB} = G_B \sin \theta \tag{5.61}$$

断裂块体稳定性系数 F_{rB} 为

$$F_{rB} = \frac{F_{KB}}{F_{XB}} = \frac{G_B k \cos \theta \tan \varphi_0 + kC_0 L_B}{G_B \sin \theta} = \frac{k(G_B \cos \theta \tan \varphi_0 + C_0 L_B)}{G_B \sin \theta} \tag{5.62}$$

软弱夹层倾角变化较小，设倾角近似不变，又块体 B 近似三角形，经测量计算得：块体 B 的面积 S_B 为 0.171 8 m^2、长度 L_B 为 0.53 m，将上述参数与表 5.3 相似模型参数一起代入式(5.62)，可得块体 B 的削弱系数与其稳定性变化规律，如图 5.13 所示。

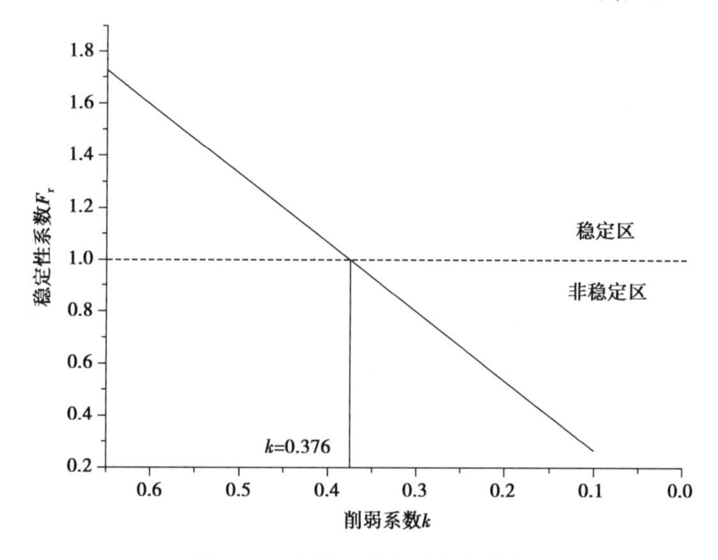

图 5.13 块体 B 稳定性变化情况

由图 5.13 可以看出，块体 B 的稳定性也随着削弱系数减小呈线性递减。当 $k=1$ 时，明显也是 $F_{rB}>1$，表明块体 B 经重复采动后落在软弱夹层上初期也是处于稳定状态的，这与相似模拟试验现象一致。当 $k=0.376$，即软弱夹层力学强度被削弱 37.6%，内摩擦角从 17.4°降至 6.7°，内聚力从 0.254 8 MPa 降至 0.095 8 MPa 后，断裂块体 B 进入临滑状态，抗滑力不能抵抗下滑力，从而发生滑坡现象。

③块体 A 与块体 B 对比。

对比块体 A 和块体 B 的削弱系数与稳定性变化规律，如图 5.14 所示。

从图 5.14 分析可知，块体 A、B 的稳定性都随削弱系数减小呈线性递减，且块体 A 直线斜率更大，说明其稳定性系数随削弱系数降低的速率更快，如临滑状态时，块体 A 的削弱系数小于块体 B，也就是当削弱系数从 1 削减到 0.376 时，块体 B 进入

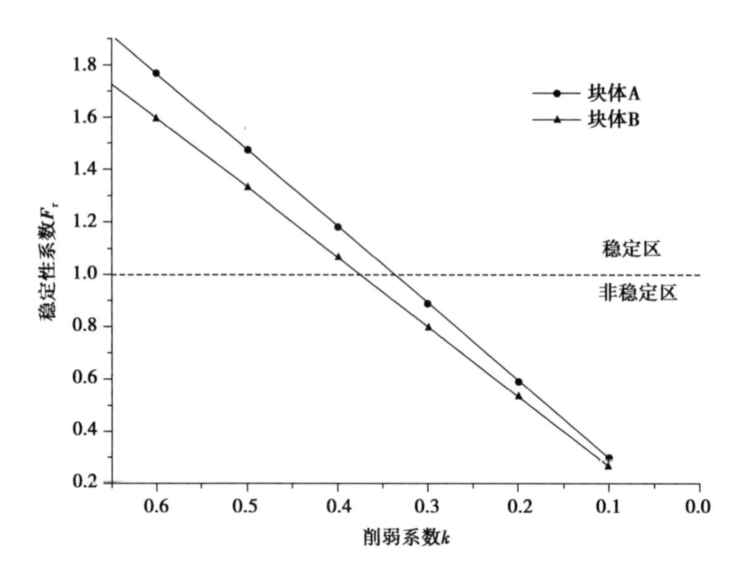

图 5.14　块体 A、B 稳定性变化情况

临滑状态，而块体 A 还是稳定状态，块体 A 对块体 B 起到了锁固阻滑的作用，而在块体 B 的滑移挤压下，块体 A 的削弱系数加速弱化至 0.34 后，块体 A 发生失稳滑移，块体 B 在失去块体 A 的阻滑后，也随即产生滑移。这个过程与相似模拟试验现象一致。

5.4　小　结

本章研究了采动顺层岩质斜坡断裂破坏的预测模型及断裂坡体稳定性分析，并进行了滑坡实例分析。

①以弹性基础梁为理论基础，含软弱结构层的顺层岩质斜坡为研究对象，引用流变介质本构模型，推导出采动顺层岩质斜坡的应力、弯矩基本方程，建立了采动顺层岩质斜坡断裂破坏预测模型，实现了对采动顺层岩质斜坡地表裂缝位置及其分布情况的预测，可为采动坡体稳定性分析提供必要参数，为采动顺层岩质滑坡等地质灾害的预测预防提供了理论分析手段。

②考虑采动弱化和水软化，定义了削弱现象和削弱系数。以摩尔-库仑强度理

论为基础,用极限平衡法,对采动顺层岩质斜坡断裂坡体在自然状态和饱水状态下的稳定性进行了研究。

③预测模型适用于分析含软弱结构层的顺层岩质斜坡,预测其受采动影响下地表顺层坡体的变形破坏情况。预测模型引用流变介质本构模型,将时间因素纳入地表移动变形破坏问题中,把岩体应力、应变进行统一研究。通过预测模型坡体内应力、弯矩基本方程分析可知:当 $t=0$ 时,坡体内应力、弯矩均为最小值;当 $t \to \infty$ 时,坡体内应力、弯矩均趋于最大值。若在地下开采停采前,坡体没有断裂失稳,随着时间的推进,即使没有地下开采的影响,由于岩体的流变性质,坡体内应力、弯矩也还是会不断增大,直至坡体破坏,达到新的平衡状态。这也是为什么很多顺层岩质滑坡地质灾害不是在地下开采过程中发生,而是发生在停采后的一段时间。

④该滑坡属于逆坡开采诱发的单滑面采动顺层岩质滑坡。

⑤原型断裂破坏预测结果表明:预测裂缝(滑体后缘)在坡顶面距坡脚 113.36 m 位置处,与实测滑体长 114 m 只存在 0.64 m 误差,相对误差为 0.56%,误差较小,断裂破坏预测模型预测效果良好。相似模型断裂破坏预测结果表明:预测结果与试验裂缝位置吻合良好,有 0.022 8 m 的误差,相对误差为 6.12%,说明相似模拟试验能反映该矿的现场实际。

⑥原型稳定性分析结果表明:采动损伤和地表降水的物理化学作用相同时,拉裂裂缝充水深度越深,断裂坡体稳定性系数越小,断裂坡体越容易发生失稳现象。这一过程与采动顺层岩质滑坡实际现象吻合,地下采空后斜坡没有立即发生失稳,而软弱夹层强度经过 2 年不断削弱,并在一个雨季经过连续降水后,断裂坡体在静水压力和浮托力共同作用下,达到临滑状态,发生滑坡灾害。相似模型稳定性分析结果表明:开采结束后断裂坡体是稳定的,地表降水通过裂缝不断削弱软弱夹层的力学强度,当软弱夹层力学强度被削弱 34% 时,断裂坡体 A 达到临滑状态,产生滑坡,块体 B 在失去块体 A 的阻滑后,也随即产生滑移。这个过程与相似模拟试验现象一致。

参考文献

[1] BORIS B. Numercial modelling of complex slope deformations[D]. Saskatoon: University of Saskatchewan, 1997.

[2] BENKO B, STEAD D. The Frank slide: a reexamination of the failure mechanism [J]. Canadian Geotechnical Journal, 1998, 35(2):299-311.

[3] JONES D B, SIDDLE H J, REDDISH D J, et al. Landslides and undermining: slope stability interaction with mining subsidence behaviour[C]. Aachen, Germany: International Society for Rock Mechanics and Rock Engineering, 1991.

[4] 李腾飞，李晓，苑伟娜，等. 地下采矿诱发山体崩滑地质灾害研究现状与展望[J]. 工程地质学报，2011，19(6):831-838.

[5] BENTLEY S P, SIDDLE H J. The evolution of landslide research in the South Wales Coalfield[J]. Proceedings of the Geologists' Association, 1990, 101(1):47-62.

[6] BENTLEY S P, SIDDLE H J. Landslide research in the South Wales coalfield[J]. Engineering Geology, 1996, 43(1):65-80.

[7] KLUKANOVÁ A, RAPANT S. Impact of mining activities upon the environment of

the Slovak Republic: two case studies [J]. Journal of Geochemical Exploration, 1999, 66(1-2):299-306.

[8] MALGOT J, BALIAK F, MAHR T. Prediction of the influence of underground coal mining on slope stability in the Vtáčnik mountains[J]. Bulletin of the International Association of Engineering Geology, 1986, 33(1):57-65.

[9] MARSCHALKO M, YILMAZ I, BEDNÁRIK M, et al. Influence of underground mining activities on the slope deformation genesis: Doubrava Vrchovec, Doubrava Ujala and Staric case studies from Czech Republic[J]. Engineering Geology, 2012, 147-148:37-51.

[10] ERGÍNAL A E, TÜRKES M, ERTEK T A, et al. Geomorphological investigation of the excavation-induced DÜndar landslide, Bursa-Turkey[J]. Geografiska Annaler: Series A, Physical Geography, 2008, 90A(2):109-123.

[11] 黄润秋. 20 世纪以来中国的大型滑坡及其发生机制 [J]. 岩石力学与工程学报, 2007, 26(3):433-454.

[12] 李腾飞, 陈洪涛, 王瑞青. 湖北宜昌盐池河滑坡成因机理分析[J]. 工程地质学报, 2016, 24(4):578-583.

[13] 连志鹏, 谭建民, 李景富. 湖北远安盐池河磷矿开采区稳定性评价[J]. 华南地质与矿产, 2013, 29(1):60-65.

[14] 姚宝魁, 孙玉科. 宜昌盐池河磷矿山崩及其崩坍破坏机制[C]// 中国岩石力学与工程学会地面岩石工程专业委员会 & 中国地质学会工程地质专业委员会. 中国典型滑坡,北京:科学出版社,1988.

[15] 满作武. 四川巫溪中阳村滑坡发生机制分析[J]. 中国地质灾害与防治学报, 1991(1):73-79.

[16] 金德山. 云南元阳老金山滑坡[J]. 中国地质灾害与防治学报, 1998, 9(4):98-101,80.

[17] 刘传正, 陈红旗. 贵州省纳雍县岩脚寨"2004-12-03"危岩崩塌[J]. 中国地质灾害与防治学报, 2004,15(4):封三.

[18] 刘传正，郭强，陈红旗. 贵州省纳雍县岩脚寨危岩崩塌灾害成因初步分析[J]. 中国地质灾害与防治学报，2004，15(4):120.

[19] 刘传正. 重大地质灾害防治理论与实践[M]. 北京:科学出版社，2009.

[20] 崔剑锋. 采煤沉陷区岩质边坡悬臂-断裂失稳破坏模式研究[D]. 重庆:重庆大学，2014.

[21] 李滨，王国章，冯振，等. 地下采空诱发陡倾层状岩质斜坡失稳机制研究[J]. 岩石力学与工程学报，2015(6):1148-1161.

[22] YIN Y P. Recent catastrophic landslides and mitigation in China[J]. Journal of Rock Mechanics Geotechnical Engineering，2011，3(1):10-18.

[23] 张奇华，彭光忠. 链子崖危岩体软弱夹层的蠕变性质研究[J]. 岩土力学，1997(1):60-64.

[24] 殷跃平，康宏达，张颖. 链子崖危岩体稳定性分析及锚固工程优化设计[J]. 岩土工程学报，2000，22(5):599-603.

[25] 徐开祥，林坚，潘伟. 链子崖危岩体的变形特征、形成机制、变形破坏方式预测及稳定性初步评价[J]. 中国地质灾害与防治学报，1991，2(3):16-30.

[26] 刘传正，张明霞. 长江三峡链子崖危岩体防治工程研究[J]. 岩石力学与工程学报，1999，18(5):524-528.

[27] LI B，FENG Z，WANG G Z ，et al. Processes and behaviors of block topple avalanches resulting from carbonate slope failures due to underground mining[J]. Environmental Earth Sciences，2016，75(8):694.

[28] 李滨，王国章，冯振，等. 陡倾层状岩质斜坡极限平衡稳定分析[J]. 岩土工程学报，2015，37(5):839-846.

[29] 刘传正，黄学斌，黎力. 乌江鸡冠岭山崩堵江地质灾害及其防治对策[J]. 水文地质工程地质，1995(4):6-11.

[30] 王国章，李滨，冯振，等. 重庆武隆鸡冠岭岩质崩滑—碎屑流过程模拟[J]. 水文地质工程地质，2014，41(5):101-106.

[31] 赵建军，马运韬，蔺冰，等. 平缓反倾采动滑坡形成的地质力学模式研究:以

贵州省马达岭滑坡为例[J]. 岩石力学与工程学报, 2016, 35(11): 2217-2224.

[32] 王玉川, 巨能攀, 赵建军, 等. 缓倾煤层采空区上覆山体滑坡形成机制分析[J]. 工程地质学报, 2013, 21(1):61-68.

[33] 郭將, 曾超, 谢明宇, 等. 贵州省马达岭滑坡崩滑形成机制及堆积体稳定性分析[J]. 安全与环境工程, 2018, 25(2):48-54,60.

[34] 陈红旗. 贵州凯里发生崩塌地质灾害[J]. 水文地质工程地质, 2013(2):112.

[35] 曾辉. 贵州凯里市龙场镇崩塌形成机制研究[D]. 成都:成都理工大学, 2014.

[36] 阿威尔辛. 煤矿地下开采的岩层移动[M]. 北京矿业学院矿山测量教研组, 译. 北京:煤炭工业出版社, 1959.

[37] 刘辉. 西部黄土沟壑区采动地裂缝发育规律及治理技术研究[D]. 徐州:中国矿业大学, 2014.

[38] 贺桂成. 缓倾斜层状矿体开采沉陷预测与控制研究[D]. 长沙:中南大学, 2013.

[39] PENG S S, MA W M, ZHONG W L. Surface Subsidence Engineering[M]. Littleton: The Society for Mining, Metallurgy, and Exploration, Inc, 1992.

[40] ASADI A, SHAKHRIAR K, GOSHTASBI K. Profiling function for surface subsidence prediction in mining inclined coal seams[J]. Journal of Mining Science, 2004, 40(2):142-146.

[41] BROCK R W. Turtle Mountain Summary Report[R]. Ottawa, 1904.

[42] KIM J-M, PARIZEK R R, ELSWORTH D. Evaluation of fully-coupled strata deformation and groundwater flow in response to longwall mining[J]. International Journal of Rock Mechanics and Mining Sciences, 1997, 34(8): 1187-1199.

[43] BAUER E. Calibration of a comprehensive hypoplastic model for granular materials [J]. Soils and Foundations, 1966, 36(1):13-26.

[44] MARSCHALKO M, TŘESLÍN L. Impact of underground mining to slope deformation genesis at Doubrava Ujala[J]. Acta Montanistica Slovaca, 2009, 14(3):232-

240.

[45] MARSCHALKO M, YILMAZ I, BEDNÁRIK M, et al. Deformation of slopes as a cause of underground mining activities: three case studies from Ostrava-Karviná coal field (Czech Republic) [J]. Environmental Monitoring and Assessment, 2012, 184(11):6709-6733.

[46] MALGOT J, BALIAK F, MAHR T. Prognosis of coal mining impacts in the Handlova deposit on the environment[J]. Proceedings of Engineering geology and energetic construction, 1985:235-242.

[47] PENG S S, LUO Y. Slope stability under the influence of ground subsidence due to longwall mining[J]. Mining Science and Technology, 1989, 8(2):89-95.

[48] BAHUGUNA P P, SRIVASTAVA A M C, SAXENA N C. A critical review of mine subsidence prediction methods[J]. Mining Science and Technology, 1991, 13(3):369-382.

[49] ALTUN A O, YILMAZ I, YILDIRIM M. A short review on the surficial impacts of underground mining[J]. Scientific Research and Essays, 2010, 5(21):3206-3212.

[50] LUO Y, PENG S S. Integrated approach for predicting mining subsidence in hilly terrain[J]. Mining Engineering, 1999, 51(6):100-104.

[51] CHAMINE H L, SILVA P B. A geological contribution to the research on mining subsidence at the Germunde coal mine (NW Portugal)[J]. Cudernos do Laboratorio de Laxe, 1993(18):281-287.

[52] NOVA R. A model of soil behavior in plastic and hysteretic range[J]. Int. Workshop on Constitutive Relations for Soils Grenoble, 2006(289):289-330.

[53] LI W X, MEI S H, ZAI S H, et al. Fuzzy models for analysis of rock mass displacements due to underground mining in mountainous areas[J]. International Journal of Rock Mechanics and Mining Sciences, 2006, 43(4):503-511.

[54] LI W X, DAI L F, HOU X B, et al. Fuzzy genetic programming method for analysis of ground movements due to underground mining[J]. International Journal of

Rock Mechanics and Mining Sciences, 2007, 44(6):954-961.

[55] MARSCHALKO M, YILMAZ I, BENDNÁRIK M, et al. Deformation of slopes as a cause of underground mining activities: three case studies from Ostrava-Karviná coal field (Czech Republic)[J]. Environmental Monitoring and Assessment, 2012, 184(11):6709-6733.

[56] 康建荣, 何万龙, 胡海峰. 山区采动地表变形及坡体稳定性分析[M]. 北京: 中国科学技术出版社, 2002.

[57] 何万龙. 开采影响下的山区地表移动 [J]. 煤炭科学技术, 1981(7):23-29.

[58] 何万龙. 开采引起的山区地表移动与变形预计[J]. 煤炭科学技术, 1983(6): 46-52.

[59] 何万龙, 孔昭璧, 康建荣. 山区地表采动滑移机理及其向量分析[J]. 矿山测量, 1991(3):21-25.

[60] 何万龙, 孔昭璧. 山区采动滑移的应力-应变模型[J]. 矿山测量, 1991(2): 20-24.

[61] 何万龙, 康建荣. 山区地表移动与变形规律的研究[J]. 煤炭学报, 1992, 17(4):1-15.

[62] 何万龙. 煤矿地表移动数据处理系统 SDY[J]. 山西矿业学院学报, 1993, 11(3):230-240.

[63] 何万龙. 山区开采沉陷与采动损害[M]. 北京:中国科学技术出版社, 2003.

[64] 马超, 何万龙, 康建荣. 山区采动滑移向量模型中参数的多元线性回归分析[J]. 矿山测量, 2000(4):32-35,6.

[65] 张风举, 邢永昌. 矿区控制测量:上册[M]. 北京:煤炭工业出版社,1987.

[66] 姚志青, 孟中灰. 关于万家寨引黄入晋工程测量中若干问题的讨论[J]. 工程勘察,1995(4):56-61.

[67] 胡友健, 吴北平, 戴华阳, 等. 山区地下开采影响下地表移动规律[J]. 河南理工大学学报(自然科学版), 1999, 18(4):242-247.

[68] 戴华阳, 翟厥成, 胡友健. 山区地表移动的相似模拟实验研究[J]. 岩石力学

与工程学报，2000，19(4)：501-504.

[69] 康建荣，王金庄，温泽民. 任意形多工作面多线段开采沉陷预计系统(MSPS)[J]. 矿山测量，2000(1)：24-27.

[70] 王雪英. 基于 BP 神经网络的山区开采沉陷预计[D]. 太原：太原理工大学，2010.

[71] 韩奎峰，康建荣，王正帅，等. 山区采动滑移模型的统一预测参数研究[J]. 采矿与安全工程学报，2013，30(1)：107-111.

[72] 胡琪. 不同地形条件地下开采引起地表移动与变形的对比分析[D]. 太原：太原理工大学，2014.

[73] 王磊，郭广礼，王明柱，等. 山区地表移动预计修正模型及其参数求取方法[J]. 煤炭学报，2014，39(6)：1070-1076.

[74] 陈绍杰，朱旺喜，李军. 2004—2013 年开采沉陷类国家自然科学基金项目分析[J]. 山东科技大学学报(自然科学版)，2014，33(6)：58-62.

[75] 李威. 山区地形对开采沉陷规律的影响研究[D]. 太原：太原理工大学，2014.

[76] 汤伏全，贺国伟. 黄土山区地形对开采沉陷预计的影响研究[J]. 煤炭工程，2015，47(10)：77-79.

[77] 拓万兵，吴凤民，杨刚. 小时间尺度下的山区开采地表变形实测研究[J]. 中国矿业，2015，24(5)：104-106,110.

[78] 郭博婷，胡海峰，廉旭刚. 基于 Knothe 模型的山区开采地表动态下沉预计方法[J]. 煤矿安全，2016，47(3)：190-193.

[79] 郭庆彪，郭广礼，吕鑫，等. 山区谷底沉陷预测模型及其参数反演[J]. 岩土力学，2016，37(5)：1351-1356,1364.

[80] 凌源. 黄土山区多工作面开采沉陷规律研究[D]. 西安：西安科技大学，2016.

[81] 冯军. 山区采动地表沉陷规律及应用研究：以晋城矿区为例[D]. 徐州：中国矿业大学，2016.

[82] 王启春，李天和，贾鹏举，等. 基岩裸露山区采动地表移动规律研究[J]. 煤炭工程，2016，48(3)：95-98.

[83] 王启春，柏雯娟，郭广礼. 基岩裸露山区倾斜煤层开采地表沉陷规律研究[J]. 矿业安全与环保，2017，44(5):76-80.

[84] 杜强，徐孟强，汪春桃，等. 山区煤矿开采数值模型建立方法研究[J]. 矿山测量，2017，45(6):19-22,26.

[85] 梁少岗，刘长星，康惟英，等. 韩城矿区山区地表滑移规律分析[J]. 矿山测量，2018，46(2):61-64.

[86] BROWN E T, FERGUSON G A. Prediction of progressive hanging-wall caving, Gath's mine, Rhodesia[J]. Transactions of the Institution of Mining and Metallurgy Section A-mining Industry, 1979, 88(JUL):A92-A105.

[87] SINGH R, MANDAL P K, SINGH A K, et al. Upshot of strata movement during underground mining of a thick coal seam below hilly terrain[J]. International Journal of Rock Mechanics and Mining Sicences, 2008, 45(1):29-46.

[88] GRECO V R. Efficient Monte Carlo technique for locating critical slip surface[J]. Journal of Geotechnical Engineering, 1996, 122(7):517-525.

[89] YU X Y. Studying theory of displacement and deformation in the mountain areas under the influence of underground exploitation[D]. Krakow:AGH University of Science and Technology, 1999.

[90] GHOSE A K. Green mining-Aunifying concept for mining industry[J]. Journal of Mines, Metals & Fuels, 2004, 52(12):393-395.

[91] ORENSE R. SHIMOMA P MAEDA K, et al. Instrumented model slope failure due to water seepage[J]. Journal of Natural Disaster Science, 2004, 26(1):15-26.

[92] TOSNEY J R, MILNE D, CHANCE A, et al. Verification of a large scale slope instability mechanism at Highland Valley Copper[J]. International Journal of Surface Mining, Reclamation and Environment, 2004, 18(4):273-288.

[93] TAKE W A, BOLTON M D, WONG P C P, et al. Evaluation of landslide triggering mechanisms in model fill slopes[J]. Landslides, 2004, 1(3):173-184.

[94] CHING C H, CHIEN L L, JANG J S, et al. Internal soil moisture response to

rainfall-induced slope failures and debris dischaige [J]. Engineering Geology, 2008, 101(3-4):134-145.

[95] LEE Y S, CHEUK C Y, BOLTON M D. Instability caused by a seepage impediment in layered fill slopes[J]. Canadian Geotechnical Journal, 2008, 45(10): 1410-1425.

[96] ALZO'UBI A K, MARTIN C D, CRUDEN D M. Influence of tensile strength on toppling failure in centrifuge tests[J]. International Journal of Rock Mechanics and Mining Sciences, 2010, 47(6):974-982.

[97] ALEJANO L R, FERRERO A M, RAMÍREZ-OYANGUREN P, et al. Comparison of limit-equilibrium, numerical and physical models of wall slope stability[J]. International Journal of Rock Mechanics and Mining Sciences, 2011, 48(1):16-26.

[98] DONNELLY L J, NORTHMORE K J, SIDDLE H J. Block movements in the Pennines and South Wales and their association with landslides[J]. Quarterly Journal of Engineering Geology and Hydrogeology, 2002, 35(1):33-39.

[99] WATSON B. A rock mass rating system for evaluating stope stability on the Bushveld platinum mines[J]. Journal-South African Institute of Mining and Metallurgy, 2004, 104(4):229-238.

[100] ARCA D, KUTOǦLU H Ş, BECEK K. Landslide susceptibility mapping in an area of underground mining using the multicriteria decision analysis method[J]. Environmental Monitoring and Assessment, 2018, 190(12):725.

[101] GUO G L, ZHA J F, MIAO X X, et al. Similar material and numerical simulation of strata movement laws with long wall fully mechanized gangue backfilling [J]. Procedia Earth and Planetary Science, 2009, 1(1):1089-1094.

[102] REN W Z, GUO C M, PENG ZQ, et al. Model experimental research on deformation and subsidence characteristics of ground and wall rock due to mining under thick overlying terrane[J]. International Journal of Rock Mechanics and Mining Sciences, 2010, 47(4):614-624.

[103] 吴侃，葛家新，王铃丁，等．开采沉陷预计一体化方法[M]．徐州：中国矿业大学出版社，1998.
[104] 吴侃，周鸣，胡振琪．开采引起的地表裂缝深度和宽度预计[J]．辽宁工程技术大学学报，1997，16(6):649-652.
[105] 吴侃，李亮，敖建锋，等．开采沉陷引起地表土体裂缝极限深度探讨[J]．煤炭科学技术，2010，38(6):108-111,103.
[106] 梁明，汤伏全．地下采矿诱发山体滑坡的规律研究[J]．西安科技大学学报，1995，(4):331-335.
[107] 杨忠民，黄国明．地下采动诱发斜坡变形机理[J]．西安科技大学学报，1999，19(2):105-109.
[108] 康建荣，王金庄．采动覆岩力学模型及断裂破坏条件分析[J]．煤炭学报，2002，27(1):16-20.
[109] 杜蜀宾．西南矿区山体崩塌成因机制分析及防治对策[J]．地球科学与环境学报，2004，26(1):89-92.
[110] 王晋丽，康建荣．山区采煤地裂缝的成因分析及预测[J]．山西煤炭，2007，27(3):7-9.
[111] 康建荣．山区采动裂缝对地表移动变形的影响分析[J]．岩石力学与工程学报，2008，27(1):59-64.
[112] 单晓云，姜耀东，王乐杰，等．地下采煤对巍山山体裂缝影响的有限元分析[J]．煤炭学报，2008，33(1):23-27.
[113] 上官科峰，王更雨．窑街矿区采动影响的山体滑坡机理探讨[J]．煤炭科学技术，2009，37(6):42-45.
[114] 刘传正．重庆武隆鸡尾山危岩体形成与崩塌成因分析[J]．工程地质学报，2010，18(3):297-304.
[115] 刘新喜，陈向阳．地下开采沉陷对滑坡灾害的影响分析[J]．中国安全科学学报，2010，20(12):3-7.
[116] 刘栋林，许家林，朱卫兵，等．工作面推进方向对坡体采动裂缝影响的数值

模拟[J]. 煤矿安全, 2012, 43(5):150-153.

[117] 李腾飞, 李晓, 李守定, 等. 地下采掘诱发斜坡失稳破坏机制研究:以武隆鸡尾山崩滑为例[J]. 岩石力学与工程学报, 2012, 31(增2):3803-3810.

[118] 徐杨青, 吴西臣, 钟祥君. 采动诱发滑坡的变形机理及治理设计研究[J]. 工程地质学报, 2012, 20(5):781-788.

[119] 吕义清. 煤矿井工开采条件下斜坡变形破坏模式及稳定性研究[D]. 太原:太原理工大学, 2013.

[120] 王玉川. 缓倾煤层采空区上覆山体变形破坏机制及稳定性研究:以马达岭滑坡为例[D]. 成都:成都理工大学, 2013.

[121] 韩奎峰, 康建荣, 王正帅, 等. 山区采动地表裂缝预测方法研究 [J]. 采矿与安全工程学报, 2014, 31(6):896-900.

[122] 朱要强. 煤矿采空区不稳定斜坡变形机理研究[J]. 工程勘察, 2014, 42(10):9-14.

[123] 王伟. 山区重复采动下地表沉陷移动分析[J]. 山西焦煤科技, 2014(增刊):160-162.

[124] 桂庆军. 贵州山区煤层采动影响后裂隙发育模拟研究[J]. 内蒙古煤炭经济, 2015(3):209-210.

[125] 史文兵, 黄润秋, 赵建军, 等. 山区平缓采动斜坡裂缝成因机制研究[J]. 工程地质学报, 2016, 24(5):768-774.

[126] 薛寒冰, 将月文, 王顺. 贵州水城煤矿上覆岩层破坏机理及地质环境灾害预测[J]. 中国煤炭地质, 2017, 29(10):64-69.

[127] 邓洋洋, 陈从新, 夏开宗, 等. 地下采矿引起的程潮铁矿东区地表变形规律研究[J]. 岩土力学, 2018, 39(9):3385-3394.

[128] 左建平, 孙运江, 王金涛, 等. 充分采动覆岩“类双曲线”破坏移动机理及模拟分析[J]. 采矿与安全工程学报, 2018, 35(1):71-77.

[129] 张文静. 基于非均布载荷下梁结构破断理论的采动地裂缝发育规律研究[D]. 太原:太原理工大学, 2018.

[130] 余学义, 毛旭魏. 近距离煤层重复采动对坡体稳定性的影响[J]. 西安科技大学学报, 2019, 39(1): 34-42.

[131] 余学义, 王昭舜, 杨云. 大采深综放开采地表移动变形规律[J]. 西安科技大学学报, 2019, 39(4): 555-563.

[132] 朱恒忠. 西南山区浅埋煤层采动地裂缝发育规律及减损控制[D]. 北京:中国矿业大学, 2019.

[133] 蔡国军, 黄润秋, 严明, 等. 反倾向边坡开挖变形破裂响应的物理模拟研究[J]. 岩石力学与工程学报, 2008, 27(4):811-817.

[134] 尹光志, 李小双, 李耀基. 底摩擦模型模拟露天转地下开挖采空区影响下边坡变形破裂响应特征及其稳定性[J]. 北京科技大学学报, 2012, 34(3): 231-238.

[135] 袁炳祥, 谌文武, 滕军, 等. 交河故城崖体拉裂-倾倒破坏模式[J]. 岩土力学, 2012, 33(增刊1):170-174.

[136] 许强, 黄润秋, 殷跃平, 等. 2009 年6・5 重庆武隆鸡尾山崩滑灾害基本特征与成因机理初步研究[J]. 工程地质学报, 2009, 17(4):433-444.

[137] 邹友峰, 柴华彬. 开采沉陷的相似理论及其应用[M]. 北京:科学出版社, 2013.

[138] 田书广. 新建地铁隧道穿越煤矿塌陷区地基稳定性分析及处治对策研究[D]. 北京:北京科技大学, 2018.

[139] 丁杰. 类土质边坡失稳机理的 UDEC 模拟与分析[D]. 天津:河北工业大学, 2012.

[140] 顾东明. 三峡库区软弱基座型碳酸盐岩反倾高边坡变形演化机制研究[D]. 重庆:重庆大学, 2018.

[141] 姬文斌. 黄土矿区不同采高情况下地表裂缝特征研究[D]. 西安:西安科技大学, 2017.

[142] 金洋. 浅埋煤层过空巷覆岩运移规律的离散元数值模拟[D]. 太原:太原理工大学, 2017.

[143] 麻洪蕊. 薄基岩大断面巷道最小基岩安全厚度的 UDEC 模拟研究[D]. 青岛:山东科技大学, 2011.

[144] 张春雷. 煤层群上行开采层间裂隙演化及卸压空间效应[D]. 北京:中国矿业大学, 2017.

[145] 朱文心. 干湿交替作用下泥质灰岩岩溶隧道突涌水机理研究[D]. 徐州:中国矿业大学, 2018.

[146] 李晓红, 卢义玉, 康勇, 等. 岩石力学实验模拟技术[M]. 北京:科学出版社, 2007.

[147] 顾大钊. 相似材料和相似模型[M]. 徐州:中国矿业大学出版社, 1995.

[148] 李铁才, 李西峙. 相似性和相似原理[M]. 哈尔滨:哈尔滨工业大学出版社, 2014.

[149] 罗先启, 葛修润. 滑坡模型试验理论及其应用[M]. 北京:中国水利水电出版社, 2008.

[150] 舒才. 深部不同倾角煤层群上保护层开采保护范围变化规律与工程应用[D]. 重庆:重庆大学, 2017.

[151] 赵健. 数字散斑相关方法及其在工程测试中的应用研究[D]. 北京:北京林业大学, 2014.

[152] 王怀文, 周宏伟, 左建平, 等. 光测方法在岩层移动相似模拟实验中的应用[J]. 煤炭学报, 2006, 31(3):278-281.

[153] 陈智强, 张永兴, 周检英. 基于数字散斑技术的深埋隧道围岩岩爆倾向相似材料试验研究[J]. 岩土力学, 2011, 32(增刊1):141-148.

[154] 樊雪松. 数字散斑相关方法的研究[D]. 天津:天津大学, 2004.

[155] 郜永静. 一种数字散斑相关方法的研究与应用[D]. 南昌:南昌大学, 2013.

[156] 谭海斌, 房诚, 王永红. 基于 Matlab 的数字散斑干涉图像处理[J]. 安徽建筑大学学报(自然科学版), 2010, 18(5):43-46.

[157] 肖晓春, 潘一山, 吕祥锋, 等. 基于数字散斑技术的深部巷道围岩岩爆倾向相似材料试验研究[J]. 煤炭学报, 2011, 36(10):1629-1634.

[158] 宋振骐. 实用矿山压力控制[M]. 徐州:中国矿业大学出版社, 1988.

[159] 谭云亮. 矿山压力与岩层控制[M].修订本. 北京: 煤炭工业出版社, 2011.

[160] 冯振. 斜倾厚层岩质滑坡视向滑动机制研究[D]. 北京:中国地质科学院, 2012.

[161] BEARMAN R A. The use of the point load test for the rapid estimation of Mode I fracture toughness[J]. International Journal of Rock Mechanics and Mining Sciences, 1999, 36(2):257-263.

[162] 贾学明, 王启智. 标定 ISRM 岩石断裂韧度新型试样 CCNBD 的应力强度因子[J]. 岩石力学与工程学报, 2003, 22(8):1227-1233.

[163] 中华人民共和国水利部. GB/T 50218—2014 工程岩体分级标准[S]. 北京:中国计划出版社, 2014.

[164] 王志强, 李鹏飞, 王磊, 等. 再论采场"三带"的划分方法及工程应用[J]. 煤炭学报, 2013, 38(增刊2):287-293.

[165] 黄明. 含水泥质粉砂岩蠕变特性及其在软岩隧道稳定性分析中的应用研究[D]. 重庆:重庆大学, 2010.

[166] 刘海洲. 基于含水软岩蠕变特性的岩体时变强度及边坡动态稳定性研究[D]. 沈阳:东北大学, 2013.

[167] 杨彩红, 王永岩, 李剑光, 等. 含水率对岩石蠕变规律影响的试验研究[J]. 煤炭学报, 2007, 32(7):695-699.

[168] 陈陆望, 李圣杰, 陈逸飞, 等. 岩石含水蠕变损伤模型的开发与应用[J]. 固体力学学报, 2018, 39(6):642-651.

[169] 刘小军, 刘新荣, 王铁行, 等. 考虑含水劣化效应的浅变质板岩蠕变本构模型研究[J]. 岩石力学与工程学报, 2014, 33(12):2384-2389.

[170] 刘宝琛. 矿山岩体力学概论[M]. 长沙:湖南科学技术出版社, 1982.

[171] 蔡美峰. 岩石力学与工程[M]. 北京:科学出版社, 2002.

[172] 邹宗兴. 顺层岩质滑坡演化动力学研究[D]. 武汉:中国地质大学, 2014.